工业机器人技术专业"十三五"规划教材

工业机器人应用人才培养指定用书

工业机器人原理及应用

（DELTA并联机器人）

张明文　于振中　主编 ◆

哈爾濱工業大學出版社

HARBIN INSTITUTE OF TECHNOLOGY PRESS

内 容 简 介

本书以 DELTA 并联机器人为研究对象，由浅入深、循序渐进地介绍了 DELTA 并联机器人的基础共性知识、运动学和控制系统；基于自主设计的机器人，阐述了 DELTA 并联机器人机械、控制系统的设计原理和系统控制方法，并通过典型实例介绍其控制系统的编程应用；最后以 ABB 和 FANUC 机器人为例，系统介绍了工业领域中常用 DELTA 并联机器人的操作、编程、调试与应用等实用内容。

本书图文并茂，通俗易懂，具有很强的实用性和可操作性，既可作为应用型本科、中高职院校工业机器人相关专业的教材，又可作为工业机器人培训机构用书，并可供相关行业的技术人员参考。

本书有丰富的配套教学资源，凡使用本书作为教材的教师可咨询相关的机器人实训装备，也可通过书末"教学资源获取单"索取相关数字教学资源。咨询邮箱：edubot_zhang@126.com。

图书在版编目（CIP）数据

工业机器人原理及应用：DELTA 并联机器人/张明文，于振中主编. —哈尔滨：哈尔滨工业大学出版社，2018.4
ISBN 978-7-5603-7317-1

Ⅰ. ①工… Ⅱ. ①张… ②于… Ⅲ. ①工业机器人
Ⅳ. ①TP242.2

中国版本图书馆 CIP 数据核字（2018）第 069947 号

策划编辑　王桂芝　张　荣
责任编辑　王桂芝　刘　威
出版发行　哈尔滨工业大学出版社
社　　址　哈尔滨市南岗区复华四道街 10 号　邮编 150006
传　　真　0451-86414749
网　　址　http://hitpress.hit.edu.cn
印　　刷　哈尔滨久利印刷有限公司
开　　本　787mm×1092mm　1/16　印张 14　字数 320 千字
版　　次　2018 年 4 月第 1 版　2018 年 4 月第 1 次印刷
书　　号　ISBN 978-7-5603-7317-1
定　　价　36.00 元

工业机器人技术专业"十三五"规划教材

工业机器人应用人才培养指定用书

编审委员会

序 一

现阶段，我国制造业面临资源短缺、劳动成本上升、人口红利减少等压力，而工业机器人的应用与推广，将极大地提高生产效率和产品质量，降低生产成本和资源消耗，有效地提高我国工业制造竞争力。我国《机器人产业发展规划（2016—2020)》强调，机器人是先进制造业的关键支撑装备和未来生活方式的重要切入点。广泛采用工业机器人，对促进我国先进制造业的崛起，有着十分重要的意义。"机器换人，人用机器"的新型制造方式有效推进了工业转型升级。

工业机器人作为集众多先进技术于一体的现代制造业装备，自诞生至今已经取得了长足进步。当前，新科技革命和产业变革正在兴起，全球工业竞争格局面临重塑，世界各国紧抓历史机遇，纷纷出台了一系列国家战略：美国的"再工业化"战略、德国的"工业4.0"计划、欧盟的"2020增长战略"，以及我国推出的"中国制造2025"战略。这些国家都以先进制造业为重点战略，并将机器人作为智能制造的核心发展方向。伴随机器人技术的快速发展，工业机器人已成为柔性制造系统（FMS）、自动化工厂（FA）、计算机集成制造系统（CIMS）等先进制造业的关键支撑装备。

随着工业化和信息化的快速推进，我国工业机器人市场已进入高速发展时期。国际机器人联合会（IFR）统计显示，截至2016年，中国已成为全球最大的工业机器人市场。未来几年，中国工业机器人市场仍将保持高速的增长态势。然而，现阶段我国机器人技术人才匮乏，与巨大的市场需求严重不协调。《中国制造2025》强调要健全、完善中国制造业人才培养体系，为推动中国制造业从大国向强国转变提供人才保障。从国家战略层面而言，推进智能制造的产业化发展，工业机器人技术人才的培养首当其冲。

目前，结合《中国制造2025》的全面实施和国家职业教育改革，许多应用型本科、职业院校和技工院校纷纷开设工业机器人相关专业，但作为一门专业知识面很广的实用型学科，普遍存在师资力量缺乏、配套教材资源不完善、工业机器人实训装备不系统、技能考核体系不完善等问题，导致无法培养出企业需要的专业机器人技术人才，严重制约了我国机器人技术的推广和智能制造业的发展。江苏哈工海渡工业机器人有限公司依托哈尔滨工业大学在机器人方向的研究实力，顺应形势需要，产、学、研、用相结合，组织企业专家和一线科研人员开展了一系列企业调研，面向企业需求，联合高校教师共同编写了"工业机器人技术专业'十三五'规划教材"系列图书。

该系列图书具有以下特点：

（1）循序渐进，系统性强。该系列图书从工业机器人的入门实用、技术基础、实训指导，到工业机器人的编程与高级应用，由浅入深，有助于系统学习工业机器人技术。

（2）配套资源，丰富多样。该系列图书配有相应的电子课件、视频等教学资源，以及配套的工业机器人教学装备，构建了立体化的工业机器人教学体系。

（3）通俗易懂，实用性强。该系列图书言简意赅，图文并茂，既可用于应用型本科、职业院校和技工院校的工业机器人应用型人才培养，也可供从事工业机器人操作、编程、运行、维护与管理等工作的技术人员参考学习。

（4）覆盖面广，应用广泛。该系列图书介绍了国内外主流品牌机器人的编程、应用等相关内容，顺应国内机器人产业人才发展需要，符合制造业人才发展规划。

"工业机器人技术专业'十三五'规划教材"系列图书结合实际应用，教、学、用有机结合，有助于读者系统学习工业机器人技术和强化、提高实践能力。本系列图书的出版发行，必将提高我国工业机器人专业的教学效果，全面促进"中国制造 2025"国家战略下我国工业机器人技术人才的培养和发展，大力推进我国智能制造产业变革。

中国工程院院士 蔡鹤皋

2017 年 6 月于哈尔滨工业大学

序 二

自出现至今短短几十年中，机器人技术的发展取得长足进步，伴随产业变革的兴起和全球工业竞争格局的全面重塑，机器人产业发展越来越受到世界各国的高度关注，主要经济体纷纷将发展机器人产业上升为国家战略，提出"以先进制造业为重点战略，以'机器人'为核心发展方向"，并将此作为保持和重获制造业竞争优势的重要手段。

作为人类在利用机械进行社会生产史上的一个重要里程碑，工业机器人是目前技术发展最成熟且应用最广泛的一类机器人。工业机器人现已广泛应用于汽车及零部件制造，电子、机械加工，模具生产等行业以实现自动化生产线，并参与焊接、装配、搬运、打磨、抛光、注塑等生产制造过程。工业机器人的应用，既保证了产品质量，提高了生产效率，又避免了大量工伤事故，有效推动了企业和社会生产力发展。作为先进制造业的关键支撑装备，工业机器人影响着人类生活和经济发展的方方面面，已成为衡量一个国家科技创新和高端制造业水平的重要标志。

伴随着工业大国相继提出机器人产业政策，如德国的"工业4.0"、美国的"先进制造伙伴计划"与"中国制造2025"等国家政策，工业机器人产业迎来了快速发展态势。当前，随着劳动力成本上涨、人口红利逐渐消失，生产方式向柔性、智能、精细转变，中国制造业转型升级迫在眉睫。全球新一轮科技革命和产业变革与中国制造业转型升级形成历史性交汇，中国已经成为全球最大的机器人市场。大力发展工业机器人产业，对于打造我国制造业新优势、推动工业转型升级、加快制造强国建设、改善人民生活水平具有深远意义。

我国工业机器人产业迎来爆发性的发展机遇，然而，现阶段我国工业机器人领域人才储备数量严重不足，对企业而言，从工业机器人的基础操作维护人员到高端技术人才普遍存在巨大缺口，缺乏经过系统培训、能熟练安全应用工业机器人的专业人才。现代工业是立国的基础，需要有与时俱进的职业教育和人才培养配套资源。

"工业机器人技术专业'十三五'规划教材"系列图书由江苏哈工海渡工业机器人有限公司联合众多高校和企业共同编写完成。该系列图书依托于哈尔滨工业大学的先进机器人研究技术，综合企业实际用人需求，充分贯彻了现代应用型人才培养"淡化理论，技能培养，重在运用"的指导思想。该系列图书既可作为应用型本科、中高职院校工业机器人技术或机器人工程专业的教材，也可作为机电一体化、自动化专业开设工业机器人相关课程的教学用书；系列图书涵盖了国际主流品牌和国内主要品牌机器人的入门实用、实训指导、技术基础、高级编程等系列教材，注重循序渐进与系统学习，强化学生的工业机器人专业技术能力和实践操作能力。

该系列教材"立足工业，面向教育"，填补了我国在工业机器人基础应用及高级应用系列教材中的空白，有助于推进我国工业机器人技术人才的培养和发展，助力中国智造。

中国科学院院士　韩杰才

2017 年 6 月

前　言

机器人是先进制造业的重要支撑装备，也是智能制造的关键切入点。工业机器人作为机器人家族中的重要一员，是目前技术最成熟、应用最广泛的一类机器人。作为衡量科技创新和高端制造发展水平的重要标志，工业机器人的研发和产业化应用被很多发达国家作为抢占未来制造业市场、提升竞争力的重要途径。在汽车工业、电子电器行业、工程机械等众多行业大量使用工业机器人自动化生产线，在保证产品质量的同时，改善了工作环境，提高了社会生产效率，有力推动了企业和社会生产力的发展。

当前，在全球范围内的制造产业战略转型期，我国工业机器人产业迎来爆发性的发展机遇。并且随着我国劳动力成本上涨，人口红利逐渐消失，生产方式向柔性、智能、精细转变，构建新型智能制造体系迫在眉睫，对工业机器人的需求呈现大幅增长。大力发展工业机器人产业，对于打造我国制造业新优势、推动工业转型升级、加快制造强国建设、改善人民生活水平具有深远意义。《中国制造 2025》将机器人作为重点发展领域进行总体部署，机器人产业已经上升到国家战略层面。

作为工业常用的一种机器人，DELTA 并联机器人广泛应用于多种行业。然而，现阶段我国工业机器人领域人才供需失衡，缺乏设计研发机器人的高端人才和能熟练安全使用与维护工业机器人的专业人才。针对现有国情，为了更好地推广工业机器人技术的应用和加速推进人才培养，亟需编写一本系统、全面的 DELTA 并联机器人原理及应用教材。

本书主要介绍 DELTA 并联机器人的基础知识与设计原理，并结合 ABB 和 FANUC 机器人，介绍了工业生产中常用的并联机器人机型与编程操作。本书依据学习者的认知规律，侧重工业机器人的技术要点，通过相关典型实例，使读者快速掌握 DELTA 并联机器人的系统设计方法和编程应用，实现理论和实践的有机结合。本书可作为高等学校机电一体化、电气自动化及机器人技术等相关专业的教材，也可作为工业机器人培训机构的培训教材，并可供从事相关行业的技术人员参考使用。

工业机器人技术专业具有知识面广、实操性强等显著特点，为了提高教学效果，在教学方法上，建议采用启发式教学、开放性学习，重视实操演练和小组讨论；在学习过程中，建议结合本书配套的教学辅助资源，如工业机器人仿真软件、机器人实训台、教学课件及视频素材、教学参考与拓展资料等。以上资源可通过书末所附"教学资源获取单"咨询获取。

　　本书由哈工海渡机器人学院张明文和哈工大机器人（合肥）国际创新研究院于振中担任主编，顾三鸿和江南大学高春能任副主编，参加编写的还有李晓聪、吴冠伟和王璐欢等，由王伟和霰学会担任主审。全书由顾三鸿和高春能统稿，具体编写分工如下：高春能编写第 1、2、4 章，李晓聪编写第 3、6 章，顾三鸿编写第 5 章，王璐欢编写第 7、8 章，吴冠伟编写第 9、10 章。本书编写过程中，得到了哈工大机器人集团、上海 ABB 工程有限公司和上海发那科机器人有限公司等单位的有关领导、工程技术人员以及哈尔滨工业大学等学校教师的鼎力支持与帮助，在此表示衷心的感谢！

　　由于编者的水平有限，书中难免存在不足，敬请读者批评指正。任何意见和建议可反馈至 E-mail:edubot_zhang@126.com。

编　者

2018 年 1 月

目　录

第1章　绪　　论

　　机器人是典型的机电一体化装置，涉及机械、电气、控制、检测、通信和计算机等方面的知识。以互联网、新材料和新能源为基础，"数字化智能制造"为核心的新一轮工业革命即将到来，而工业机器人则是"数字化智能制造"的重要载体。

1.1　机器人的认知

1.1.1　机器人术语的来历

　　"机器人（Robot）"这一术语来源于一个科幻形象，首次出现在 1920 年捷克剧作家、科幻文学家、童话寓言家卡雷尔·凯培克发表的科幻剧《罗萨姆的万能机器人》中，

※　机器人的认知

"Robot"就是从捷克文"Robota（意为农奴，苦力）"衍生而来的。在该剧中，一家虚构的机械生物厂商设计了类人机器 Robot 代替工人，让它们去充当劳动力。它们按照其主人的指令工作，没有感觉和情感，以呆板的方式从事繁重的劳动。

1.1.2　机器人原则

　　机器人的出现和快速发展是社会、经济发展的必然，也是为了提高社会的生产水平和人们的生活质量的需要。人类制造机器人主要是为了让它们代替人们做一些**有危险、难以胜任或不宜长期进行**的工作。

　　为了发展机器人，同时避免人类受到伤害，美国科幻作家阿西摩夫在 1940 年发表的小说《我是机器人》中首次提出了"机器人三原则"：

➢ 第一原则

机器人必须不能伤害人类，也不允许见到人类将要受伤害而袖手旁观。

➢ 第二原则

机器人必须完全服从于人类的命令，但不能违反第一原则。

➢ 第三原则

机器人应保护自身的安全，但不能违反第一和第二原则。

随着机器人的高速发展，1994 年，Fuller 添加了第四条原则：

➢ 第四原则

机器人可从事人类的工作，前提是不会因此使工人失业。

机器人学术界一直将这些原则作为机器人开发的准则。

1.1.3　机器人的分类和应用

目前，机器人的应用比较广泛，按照**应用领域**的不同，国际上通常将机器人分为 2 类：**工业机器人**和**服务机器人**。

1. 工业机器人

工业机器人是在工业生产中使用的机器人的总称，主要用于完成工业生产中的某些作业。

工业机器人的种类较多，常用的有：搬运机器人、焊接机器人、喷涂机器人、装配机器人和码垛机器人等。

2. 服务机器人

服务机器人是指除工业自动化应用外，能为人类或设备完成有用任务的机器人。

服务机器人可进一步划分为三类：特种机器人、公共服务机器人和个人/家用服务机器人。

➢ **特种机器人**　特种机器人是指由具有专业知识人士操控的、面向国家、特种任务的服务机器人，包括医用机器人（如图 1.1a 所示）、空间探测机器人、排爆机器人（如图 1.1b 所示）、水下作业机器人、管道检测机器人（如图 1.1e 所示）、消防机器人（如图 1.1f 所示）、农场作业机器人等。

➢ **公共服务机器人**　公共服务机器人是指面向公众或商业任务的服务机器人，包括迎宾机器人（如图 1.1d 所示）、餐厅服务机器人、酒店服务机器人、银行服务机器人、场馆服务机器人等。

➢ **个人/家用服务机器人**　个人/家用服务机器人是指在家庭以及类似环境中由非专业人士使用的服务机器人，包括家政（如图 1.1c 所示）、教育娱乐、养老助残、个人运输、安防监控等类型的机器人。

服务机器人的应用涵盖了国防、救援、监护、物流、医疗、养老、护理、教育、家政等领域。

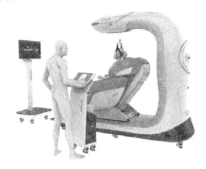

（a）医用机器人　　　　　　　　　　（b）排爆机器人

（c）家务扫地机器人 M1   （d）迎宾机器人 Will

（e）管道检测机器人   （f）消防机器人

图 1.1   常见的特种机器人

1.2   工业机器人

1.2.1   工业机器人的定义

工业机器人虽是技术上最成熟、应用最广泛的机器人，但对其具体的定义，科学界尚未统一，目前公认的是国际标准化组织（ISO）的定义。

※ 工业机器人的定义

国际标准化组织（ISO）的定义为："工业机器人是一种能自动控制、可重复编程、多功能、多自由度的操作机，能够搬运材料、工件或者操持工具来完成各种作业。"

工业机器人最显著的特点有：

➢ **拟人化**   在机械结构上类似于人的手臂或者其他组织结构。

➢ **通用性**   可执行不同的作业任务，动作程序可按需求改变。

➢ **独立性**   完整的机器人系统在工作中可以不依赖于人的干预。

➢ **智能性**   具有不同程度的智能功能，如感知系统、记忆系统等提高了工业机器人对周围环境的自适应能力。

1.2.2　工业机器人的构型

按照工业机器人结构运动形式的不同，其构型主要有 5
种：直角坐标机器人、柱面坐标机器人、球面坐标机器人、多
关节型机器人和并联机器人。

※　工业机器人的构型

1. 直角坐标机器人

直角坐标机器人在空间上具有多个相互垂直的移动轴，常用的是 3 个轴，即 X、Y、Z
轴，如图 1.2 所示，其末端的空间位置是通过沿 X、Y、Z 轴来回移动形成的，是一个**长方体**。

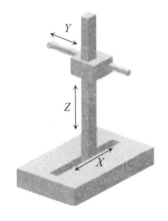

（a）示意图　　　　　　　　　（b）哈工海渡-直角坐标机器人

图 1.2　直角坐标机器人

2. 柱面坐标机器人

柱面坐标机器人的运动空间位置是由基座回转、水平移动和竖直移动形成的，其作业
空间呈**圆柱体**，如图 1.3 所示。

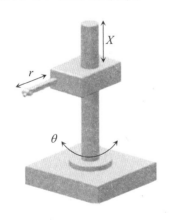

（a）示意图　　　　　　　　　（b）Versatran-柱面坐标机器人

图 1.3　柱面坐标机器人

3. 球面坐标机器人

球面坐标机器人的空间位置机构主要由回转基座、摆动轴和平移轴构成，具有 2 个转动自由度和 1 个移动自由度，其作业空间是**球面的一部分**，如图 1.4 所示。

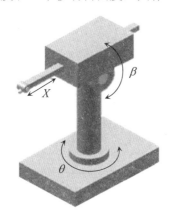 

（a）示意图　　　　　　　（b）Unimate-球面坐标机器人

图 1.4　球面坐标机器人

4. 多关节型机器人

多关节型机器人由多个回转和摆动（或移动）机构组成，按旋转方向可分为**水平多关节机器人和垂直多关节机器人**。

➢ **水平多关节机器人**　是由多个竖直回转机构构成的，没有摆动或平移，手臂都在水平面内转动，其作业空间为**圆柱体**，如图 1.5 所示。

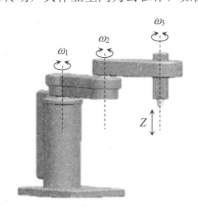 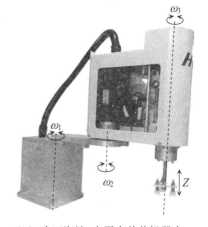

（a）示意图　　　　　　　（b）哈工海渡-水平多关节机器人

图 1.5　水平多关节机器人

➢ **垂直多关节机器人**　是由多个摆动和回转机构组成的，其作业空间**近似一个球体**，如图 1.6 所示。

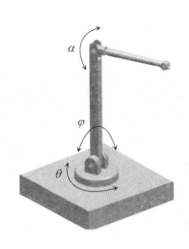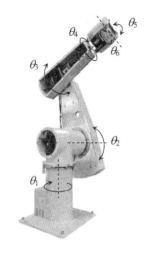

（a）示意图　　　　　　　　（b）哈工海渡-PUMA 560

图 1.6　垂直多关节机器人

5. 并联机器人

　　并联机器人的基座和末端执行器之间通过至少两个独立的运动链相连接，机构是具有两个或两个以上自由度，且以并联方式驱动的一种闭环机构。工业应用最广泛的并联机器人是 DELTA 并联机器人，如图 1.7 所示。

　　相对于并联机器人而言，只有一条运动链的机器人称为**串联机器人**。

（a）示意图　　　　　　　　（b）哈工海渡-DELTA 并联机器人

图 1.7　DELTA 并联机器人

1.2.3　工业机器人的应用

　　工业机器人可以替代人从事危险、有害、有毒、低温和高热等恶劣环境中的工作，还可以替代人完成繁重、单调的

※　工业机器人的应用

重复劳动，可提高劳动生产率，保证产品质量，主要用于汽车、3C 产品、医疗、食品、通用机械制造、金属加工、船舶等领域，用以完成搬运、焊接、喷涂、装配、码垛和打磨等复杂作业。工业机器人与数控加工中心、自动引导车以及自动检测系统可组成柔性制造系统（FMS）和计算机集成制造系统（CIMS），实现生产自动化。

1. 搬运

搬运作业是指用一种设备握持工件，从一个加工位置移动到另一个加工位置。

搬运机器人可安装不同的末端执行器（如机械手爪、真空吸盘等）以完成各种不同形状和状态的工件搬运，大大减轻了人类繁重的体力劳动。通过编程控制，还可配合各个工序的不同设备实现流水线作业。

搬运机器人广泛应用于机床上下料、自动装配流水线、码垛搬运、集装箱等自动搬运，如图 1.8 所示。

2. 焊接

目前工业应用领域最大的是机器人焊接，如工程机械、汽车制造、电力建设等，焊接机器人能在恶劣的环境下连续工作并能提供稳定的焊接质量，提高工作效率，减轻工人的劳动强度。采用机器人焊接是焊接自动化的革命性进步，突破了焊接专机的传统方式，如图 1.9 所示。

图 1.8 搬运机器人　　　　　　　　　图 1.9 焊接机器人

3. 喷涂

喷涂机器人适用于生产量大、产品型号多、表面形状不规则的工件外表面涂装，广泛应用于汽车、汽车零配件、铁路、家电、建材和机械等行业，如图 1.10 所示。

4. 装配

装配是一个比较复杂的作业过程，不仅要检测装配过程中的误差，而且要试图纠正这种误差。装配机器人是柔性自动化系统的核心设备，末端执行器种类多以适应不同的装配对象；传感系统用于获取装配机器人与环境和装配对象之间相互作用的信息。装配机器人主要应用于各种电器的制造业及流水线产品的组装作业，具有高效、精确、持续工作的特点，如图 1.11 所示。

图 1.10　喷涂机器人

图 1.11　装配机器人

5. 码垛

码垛机器人是机电一体化高新技术产品，如图 1.12 所示，它可满足中低产量的生产需要，也可按照要求的编组方式和层数，完成对料袋、箱体等各种产品的码垛。

使用码垛机器人能提高企业的生产效率和产量，减少人工搬运造成的错误，还可以全天候作业，节约大量人力资源成本。码垛机器人广泛应用于化工、饮料、食品、啤酒和塑料等生产企业。

6. 涂胶

涂胶机器人一般由机器人本体和专用涂胶设备组成，如图 1.13 所示。

涂胶机器人既能独立实行半自动涂胶，又能配合专用生产线实现全自动涂胶。它具有设备柔性高、做工精细、质量好、适用能力强等特点，可以完成复杂的三维立体空间的涂胶工作。工作台可安装激光传感器进行精密定位，提高产品生产质量，同时使用光栅传感器确保工人生产安全。

图 1.12　码垛机器人

图 1.13　涂胶机器人

7. 打磨

打磨机器人是指可进行自动打磨的工业机器人，主要用于工件的表面打磨、棱角去毛刺、焊缝打磨、内腔内孔去毛刺、孔口螺纹口加工等工作，如图 1.14 所示。

打磨机器人广泛应用于 3C、卫浴五金、IT、汽车零部件、工业零件、医疗器械、木材、建材、家具制造和民用产品等行业。

图 1.14 打磨机器人

1.3 DELTA 并联机器人

1.3.1 并联机器人的定义及特点

Clavel 博士于 1985 年研制出一种称为 DELTA 的典型空间三自由度运动的并联机构，如图 1.15 所示，其静平台和动平台都是呈三角形状，后来大多数的空间并联机构均是从DELTA 机构衍生而来。

❋ 并联机器人的定义及特点

并联机器人是以并联方式驱动的一种闭环机构机器人，其基座和末端执行器之间通过至少两个独立的运动链相连接，机构具有两个或两个以上自由度。目前，工业应用最广泛的并联机器人是 DELTA 并联机器人，如图 1.16 所示。

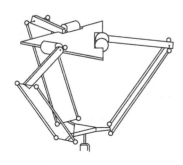 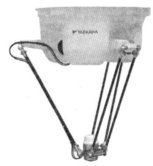

图 1.15 DELTA 并联机构   图 1.16 YASKAWA DELTA 并联机器人

相对于串联机器人来说，并联机器人具有以下特点：

（1）并联机器人的动平台上一般同时由 6（或 3）根驱动杆支撑，不同于串联机器人的悬臂梁结构，因此其刚度较大、负载能力较强，且结构比较稳定。

（2）与串联机器人相比，并联机器人不存在累积误差和误差放大，并联机构各杆件的误差构成平均值，其运动精度比较高。

（3）串联机器人的机械臂一般装有驱动系统和传动装置，这加大了机器人的运动惯性，影响其动力性能；而并联机器人一般是将驱动系统安置于基座上，大大减轻运动负荷，且并联机构部件质量较轻，响应和运动速度都较快，系统的动力性能较好。

（4）在运动学分析上，串联机器人的正解通常较为容易，反解较复杂，而并联机器人正解一般困难，但递解相对简单，因此并联机器人的实时控制性能更好。

（5）与串联机器人相比，受输入空间、动平台和静平台的结构及其杆件在空间的相互干涉、奇异位置等因素影响，并联机器人的动作范围通常较小。

综上所述，在结构形式和功能特点方面，并联机器人和串联机器人是相互补充的，属于一种"对偶"关系。两种机器人在实际应用中也是互补的，而非替代的关系，各自都有其适用的场合。并联机器人的出现使机器人的应用范围进一步扩大。

1.3.2　DELTA 并联机器人的结构

DELTA 并联机器人最早是由法国人 Clavel 博士于 1985 年发明的，并提出了 3 种机构变异形式，以适应不同空间需求。由于受到专利保护，DELTA 机器人的关键技术主要掌握

❋ DELTA 并联机器人的结构

在瑞士的 Demaurex 公司、ABB 和 BOSCH 等少数机器人生产厂家。直到 2009 年 Clavel 博士发明的 DELTA 机构专利保护期已过，多家机器人公司才开始相继推出自己的 DELTA 并联机器人。

从技术特点角度分析，针对动平台的运动范围，目前应用于实际生产中的 DELTA 并联机器人主要有以下 3 种结构形式：

（1）二自由度 DELTA 并联机器人。

该机器人的结构如图 1.17 所示，其负载能力较大，但由于其末端动平台只能在二维平面内运动，在实际应用过程中往往需要配套其他的自动化设备，所以其应用受到很大的限制。

（2）三自由度 DELTA 并联机器人。

这是目前应用非常广泛的 DELTA 并联机器人，其结构如图 1.18 所示，动平台可以实现空间 X、Y、Z 轴 3 个方向的运动，结构形式更具柔性化，在实际应用中也更加简单；并且能够实现较大的加速度，运行速度也特别快，但其承载能力远不及二自由度 DELTA 机器人。

图 1.17 哈工海渡-二自由度 DELTA 机器人

图 1.18 哈工海渡-三自由度 DELTA 机器人

由于三自由度 DELTA 机器人的柔性及高速的特点，国外大多数厂家只研发三自由度 DELTA 机器人。虽然各家公司研发的机器人特点各不相同，但总体而言，三自由度 DELTA 机器人可分为三轴驱动形式和四轴驱动形式。

➢ **三轴驱动形式**

这种构型的特点是 3 个主动臂通过 3 个从动臂驱动末端动平台运动，中间设计有一根旋转轴通过联轴结驱动动平台上的法兰实现不满圈任意角度旋转，来实现机器人在抓取物料后先将物料旋转一定角度后再放置到位，但这种 DELTA 并联机器人其运动速度没有四轴驱动的 DELTA 并联机器人快。这个结构的典型产品为 ABB 公司研发的 IRB 360 机器人，如图 1.19 所示。

➢ **四轴驱动形式**

四轴驱动的 DELTA 并联机器人其结构如图 1.20 所示，由于专利保护，目前国外只有 Adept 公司生产四轴驱动的 DELTA 并联机器人。其特点是 4 个主动臂通过 4 个从动臂驱动末端动平台运动，这种机器人中间没有安装旋转轴，在动平台上设有一套同步带传动装置来达到旋转目的。但这套同步带传动装置使得末端旋转法兰处于偏心状态，大大降低了机器人的负载能力。

（3）多自由度 DELTA 并联机器人

这类机器人以三轴驱动 DELTA 并联机器人为原型，并在动平台上加装更为复杂的齿轮传动机构，使机器人末端执行器具有更多的自由度，可实现 4～6 轴的控制，如 FANUC 公司设计的 DELTA 并联机器人，如图 1.21 所示。其机器人末端执行器不但可以旋转，还可以任意角度扬起。当然，在机器人终端加装复杂机构将使机器人的负载能力下降，所以这种机器人在完成复杂动作的同时只能用于抓取质量更轻的物料。

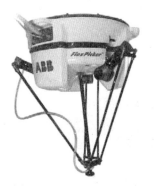  

图 1.19　ABB IRB 360 机器人　　图 1.20　Adept Quattro 机器人　　图 1.21　FANUC M-3iA/6A 机器人

1.3.3　DELTA 并联机器人的应用

DELTA 并联机器人是将驱动机构布置在机架上，且可将从动臂做成轻杆，这样极大地提高了系统的动力性能，因此可获得很高的速度和加速度，特别适于对物料的高速搬运操

❋ DELTA 并联机器人的应用

作；由于 DELTA 并联机器人采用闭环机构，其末端件上的动平台同时由 3 根驱动杆支撑，与串联机器人的悬臂梁相比，其承载能力高、刚度大，而且结构稳定。DELTA 并联机器人属于高速、轻载类型的机器人，广泛应用于电子、轻工、食品与医药等行业，在产品自动生产线上，DELTA 并联机器人可对到达的产品随机进行分拣，并实现高速包装、码垛、搬运、装配等。

（1）包装。

对于食品、饮料等行业中多品种、多规格的包装箱或收缩膜包，用 DELTA 并联机器人分拣则更显示出其强大的灵活性。DELTA 并联机器人能根据产品的规格、摆放方式、托盘规格等条件生成对应的分拣程序，在生产过程中只需选择对应的动作程序或者接收上位机的指示即可完成不同产品的自动分拣。

机器人抓手可采用真空吸盘式、夹板式、手指抽拉式等结构形式，确保各种纸箱或收缩膜包的快速抓取和移动，如图 1.22 所示。

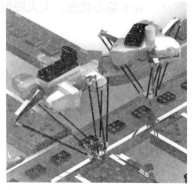 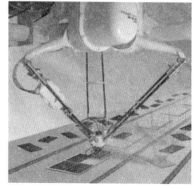

图 1.22　DELTA 并联机器人用于包装

（2）分拣。

DELTA 机器人配备工业视觉和各类型的末端执行器，可自动识别、定位输送带上快速移动的各种工件，实现机器人高速、精准的动态跟随输送带连续分拣作业。

并联机器人的筛选速度惊人，可以在筛选饼干、巧克力糖和药片时自动去掉不适合的产品，也可根据产品的不同形状和颜色进行分类和分拣，如图 1.23 所示。生产不同批次类型的产品时只需通过调用相应程序和更换机器人末端执行器简单的操作即可。因此，在分拣应用时具有较好的适应性。

图 1.23　DELTA 并联机器人用于分拣

（3）拾取搬运。

DELTA 机器人是实现三维空间内高精度拾取搬运作业的机器人解决方案,可通过加装第四轴转动自由度，实现物料的摆放动作，拥有速度快、精度高、可靠性好、易用性强、维护成本低等优势，广泛应用于食品、药品及电子产品等小部件的拾取和搬运。DELTA 并联机器人在速度方面的根本优势，与视觉系统一起用于高速拾取，从而能确定产品位置，并迅速进行搬运，如图 1.24 所示。

图 1.24　DELTA 并联机器人用于拾取搬运

（4）组装。

DELTA 并联机器人结构简洁，稳定性高，能够高速度、高精度地完成各种形状小产品的拾取和放置作业，可用于某些电子消费品等需要多种小零件快速、高精度装配的场合。并联机器人运用视觉系统和传感器寻找产品，然后利用并联机器人的高可靠重复定位精度进行组装，如图 1.25 所示，这些用人工是很难做到的。

图 1.25　DELTA 并联机器人用于组装

 思考题

1. 按照应用领域的不同，国际上通常将机器人分为哪几类？
2. 什么是工业机器人？它的特点有哪些？
3. 按结构运动形式，工业机器人可分为哪几类？
4. 工业机器人的应用领域有哪些？
5. 什么是并联机器人？与串联机器人的区别是什么？
6. 概述并联机器人的特点。
7. 概述 DELTA 并联机器人的应用。

第2章 机器人基础知识

与串联机器人一样，并联机器人的研究、应用和设计，均需了解刚体在三维空间的位姿变换、机器人的机构组成及主要的性能参数。本章以 DELTA 并联机器人为例，介绍相关的共性基础知识。

2.1 数理基础

机器人各关节变量空间、末端执行器位姿等是用位置矢量、平面和坐标系等概念来描述的。机器人的运动不仅涉及机器人本体自身，而且涉及各物体间以及物体与机器人的关系。机器人运动学研究通常涉及多物体之间空间位置与姿态

※ 数理基础

的关系，如机械臂、工具和工件等。为了确定各物体之间的位置与姿态，需要建立与之固连的坐标系，以齐次坐标为基础，将机器人运动、位姿变换、映射与矩阵运动联系起来，进而确定各物体之间的位置与姿态的关系。

本书首先从两个坐标系之间的位置和姿态分析入手，进一步可以推演到多坐标系之间的位置与姿态关系。

2.1.1 位姿

1. 位置描述

在直角坐标系$\{A\}$中，空间任意一点 p 的位置可用 3×1 的列矢量 ${}^{A}p$ 来表示，如图 2.1 所示。

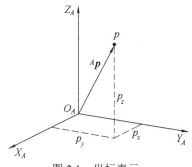

图 2.1　坐标表示

式（2.1）是位置矢量的矩阵表示形式，即

$$^A\boldsymbol{p} = \begin{bmatrix} p_x \\ p_y \\ p_z \end{bmatrix} \tag{2.1}$$

其中，p_x、p_y、p_z 是点 p 在坐标系$\{A\}$中的三个坐标分量。$^A\boldsymbol{p}$ 的上标 A 代表参考坐标系$\{A\}$，$^A\boldsymbol{p}$ 被称为位置矢量。

2. 姿态描述

研究机器人的运动与操作，不仅要表示空间某个点的位置，而且需要表示物体的姿态（即方向）。物体的姿态可由某个固连于此物体的坐标系描述。为了规定空间某物体（如抓手）的姿态，设置一直角坐标系$\{B\}$与此物体固连。

一个原点位于参考坐标系原点的坐标系可由三个相互垂直的向量表示，通常将这三个向量称为单位向量 $\boldsymbol{n}$、$\boldsymbol{o}$、$\boldsymbol{a}$，分别表示法线（normal）、方向（orientation）和接近（approach），如图 2.2 所示。

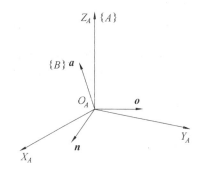

图 2.2　坐标系在参考坐标系原点的表示

每一个单位向量都由它们所在参考坐标系中的 3 个分量表示。坐标系$\{B\}$姿态可用变换矩阵 $\boldsymbol{F}_0$ 表示为

$$\boldsymbol{F}_0 = \begin{bmatrix} \boldsymbol{n} & \boldsymbol{o} & \boldsymbol{a} \end{bmatrix} = \begin{bmatrix} n_x & o_x & a_x \\ n_y & o_y & a_y \\ n_z & o_z & a_z \end{bmatrix} \tag{2.2}$$

3. 位姿描述

如果一个坐标系不在固定参考坐标系的原点（包括在原点情况），那么该坐标系的原点相对于参考坐标系也必须表示出来。为此，在该坐标系原点与参考坐标系原点之间作一个向量来表示该坐标系的位置，如图 2.3 所示。这个向量由相对于参考坐标系的 3 个分量来表示。

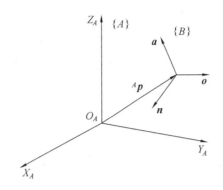

图 2.3　一个坐标系在另一个坐标系中的表示

坐标系 $\{B\}$ 的位姿可以由 3 个表示方向的单位向量和 1 个位置向量来表示，即

$$
F = \begin{bmatrix} n_x & o_x & a_x & p_x \\ n_y & o_y & a_y & p_y \\ n_z & o_z & a_z & p_z \\ 0 & 0 & 0 & 1 \end{bmatrix} \tag{2.3}
$$

式（2.3）中：前 3 列向量表示坐标系 $\{B\}$ 的 3 个单位向量 n、o 和 a 的方向；而第 4 列表示坐标系 $\{B\}$ 原点相对参考坐标系 $\{A\}$ 的位置；变换矩阵 F 称为齐次变换矩阵。

2.1.2　平移坐标系

平移坐标变换是指一坐标系（或物体）在空间以不变的姿态运动，此时它的方向单位向量保持同一方向不变，只是坐标系原点相对参考坐标系发生变化，如图 2.4 所示。

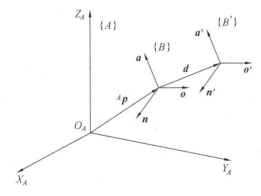

图 2.4　空间平移坐标变换

坐标系 $\{B'\}$ 可用原来坐标系 $\{B\}$ 的原点位置向量加上位移向量 d 求得，即通过坐标系 $\{B\}$ 左乘平移变换矩阵 T 得到。平移变换矩阵 T 可表示为

$$T = \begin{bmatrix} 1 & 0 & 0 & d_x \\ 0 & 1 & 0 & d_y \\ 0 & 0 & 1 & d_z \\ 0 & 0 & 0 & 1 \end{bmatrix} \tag{2.4}$$

其中 d_x、d_y 和 d_z 是平移向量 $\boldsymbol{d}$ 相对于参考坐标系轴的 3 个分量，则坐标系 $\{B'\}$ 的位置表示为

$$F' = \begin{bmatrix} 1 & 0 & 0 & d_x \\ 0 & 1 & 0 & d_y \\ 0 & 0 & 1 & d_z \\ 0 & 0 & 0 & 1 \end{bmatrix} \times \begin{bmatrix} n_x & o_x & a_x & p_x \\ n_y & o_y & a_y & p_y \\ n_z & o_z & a_z & p_z \\ 0 & 0 & 0 & 1 \end{bmatrix} = \begin{bmatrix} n_x & o_x & a_x & p_x+d_x \\ n_y & o_y & a_y & p_y+d_y \\ n_z & o_z & a_z & p_z+d_z \\ 0 & 0 & 0 & 1 \end{bmatrix} = \text{Trans}(d_x,d_y,d_z) \times \boldsymbol{F} \tag{2.5}$$

2.1.3　旋转坐标系

旋转坐标变换是指一坐标系（或物体）在空间只改变姿态的运动。此时它的坐标系原点相对参考坐标系不变化，只是方向单位向量发生改变，如图 2.5 所示。

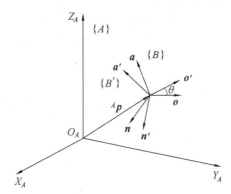

图 2.5　空间旋转坐标变换

坐标系 $\{B'\}$ 的原点还是原来坐标系 $\{B\}$ 的原点，只是绕坐标系 $\{B\}$ 的坐标轴旋转一个角度 θ。绕 X 轴、Y 轴和 Z 轴旋转的变换矩阵 $\boldsymbol{Rot}$ 分别表示为

$$\boldsymbol{Rot}(x,\theta) = \begin{bmatrix} 1 & 0 & 0 & 0 \\ 0 & c\theta & -s\theta & 0 \\ 0 & s\theta & c\theta & 0 \\ 0 & 0 & 0 & 1 \end{bmatrix} \tag{2.6}$$

$$\boldsymbol{Rot}(y,\theta) = \begin{bmatrix} c\theta & 0 & s\theta & 0 \\ 0 & 1 & 0 & 0 \\ -s\theta & 0 & c\theta & 0 \\ 0 & 0 & 0 & 1 \end{bmatrix} \tag{2.7}$$

$$Rot(z,\theta) = \begin{bmatrix} c\theta & -s\theta & 0 & 0 \\ s\theta & c\theta & 0 & 0 \\ 0 & 0 & 1 & 0 \\ 0 & 0 & 0 & 1 \end{bmatrix} \tag{2.8}$$

其中：$c\theta$ 表示 $\cos\theta$，$s\theta$ 表示 $\sin\theta$；如果角度 θ 是绕坐标轴逆时针旋转得到的则规定为正值，顺时针旋转得到的则为负值。

绕坐标系 $\{B\}$ 的 X 轴、Y 轴和 Z 轴旋转 θ 角度的坐标系 $\{B'\}$ 位置分别表示为

$$\boldsymbol{F'} = \boldsymbol{Rot}(x,\theta) \times \boldsymbol{F}；\quad \boldsymbol{F'} = \boldsymbol{Rot}(y,\theta) \times \boldsymbol{F}；\quad \boldsymbol{F'} = \boldsymbol{Rot}(z,\theta) \times \boldsymbol{F}$$

2.2　机构基础

2.2.1　机构简介

DELTA 并联机器人是一种高速、轻载机器人，通常具有 3～4 个自由度，可以实现工作空间 X、Y、Z 方向的平移以及绕 Z 轴的旋转运动。

❋　机构基础

DELTA 并联机器人的机械臂包括 4 个部分：**静平台**、**主动臂**、**从动臂**和**动平台**，如图 2.6 所示。

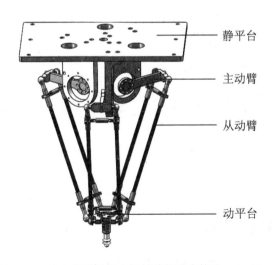

图 2.6　DELTA 并联机器人机械臂的基本构造

1. 静平台

静平台又称基座，常用的是吊顶安装，主要作用是支撑整个机器人，并减少机器人运动过程中的惯量。

2. 主动臂

主动臂又称主动杆，通过驱动电机与基座直接相连，作用是改变末端执行器的空间位置。DELTA 机器人有 3 个相同的并联主动臂，具有 3 个自由度，可以实现机器人在 X、Y、Z 方向的移动。

3. 从动臂

从动臂又称从动杆，是连接主动臂和动平台的机构，常用的连接方式是球铰链。

4. 动平台

动平台是连接连杆和末端执行器的部分，它的作用是支撑末端执行器，并改变其姿态。

2.2.2 刚体自由度

自由度是指描述物体运动所需要的独立坐标数。

空间直角坐标系又称笛卡尔直角坐标系，它是以空间一点 O 为原点，建立 3 条两两相互垂直的数轴，即 X 轴、Y 轴和 Z 轴。通常情况下，3 个轴的正方向符合**右手规则**，如图 2.7 所示，即右手大拇指指向 Z 轴正方向，食指指向 X 轴正方向，中指指向 Y 轴正方向。

在三维空间中描述一个物体的**位姿**（即**位置**和**姿态**）需要 6 个自由度，如图 2.8 所示：

沿空间直角坐标系 $O\text{-}XYZ$ 的 X、Y、Z 3 个轴平移运动 T_x、T_y、T_z；

绕空间直角坐标系 $O\text{-}XYZ$ 的 X、Y、Z 3 个轴旋转运动 R_x、R_y、R_z。

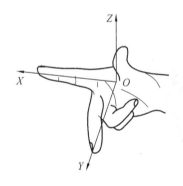

图 2.7　右手规则

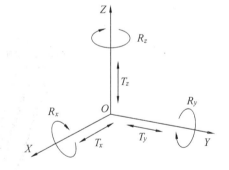

图 2.8　刚体的六个自由度

2.2.3 机器人自由度

机器人的自由度是指 DELTA 并联机器人相对坐标系能够进行独立运动的数目，**不包括末端执行器的动作**。

机器人的自由度反映机器人动作的灵活性，自由度越多，机器人就越能接近人手的动作机能，通用性越好；但是自由度越多，结构就越复杂，对机器人的整体要求就越高。因此，工业机器人的自由度是根据其用途设计的。

通常，DELTA 并联机器人的自由度为 3，如图 2.9（a）所示。经过特殊设计，DELTA 并联机器人的自由度也可为 2 或者 4，如图 2.9（b）、（c）所示。

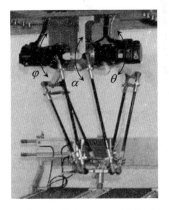
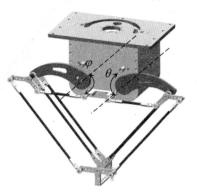
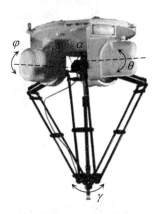

（a）3 自由度 DELTA 机器人　　（b）2 自由度 DELTA 机器人　　（c）4 自由度 DELTA 机器人

图 2.9　DELTA 并联机器人自由度

2.3　坐标系

1. 右手坐标系

机器人系统中常用的坐标系为右手坐标系，即 3 个轴的正方向符合**右手规则**：右手大拇指指向 Z 轴正方向，食指指向 X 轴正方向，中指指向 Y 轴正方向，如图 2.10 所示。如果没有特别指明，本书中的机器人坐标系默认为右手坐标系。

2. 工具中心点

工具中心点（Tool Center Point，TCP）是机器人系统的控制点，出厂时默认于最后一个运动轴或连接法兰的中心。

安装工具后，TCP 将发生变化，变为工具末端的中心，如图 2.11 所示。为实现精确运动控制，当换装工具或发生工具碰撞时，皆需进行 TCP 标定。

※ 坐标系

图 2.10　右手规则

（a）默认　　　　　　　　　　　（b）安装工具后

图 2.11　机器人工具中心点

3. 机器人运动坐标系

坐标系是为确定机器人的位置和姿态而在机器人或空间上进行定义的位置指标系统。

工业机器人系统中常用的运动坐标系有：**关节坐标系、世界坐标系、基坐标系、工具坐标系和工件坐标系**。其中世界坐标系、基坐标系、工具坐标系和工件坐标系均属于空间直角坐标系。机器人大部分坐标系都是笛卡尔直角坐标系，符合右手规则。

➢ 关节坐标系

关节坐标系是设定在机器人关节中的坐标系，如图 2.12 所示。在关节坐标系下，工业机器人各轴均可实现单独正向或反向运动。对于大范围运动，且不要求 TCP 姿态时，可选择关节坐标系。

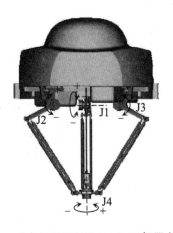

（a）FANUC M-1*i*A/0.5S 机器人　　　　　（b）ABB IRB 360-8/1130 机器人

图 2.12　工业机器人的关节坐标系

➢ **世界坐标系**

世界坐标系是机器人系统的绝对坐标系，它是建立在工作单元或工作站中的固定坐标系，如图 2.13 中的坐标系 O_0-$X_0Y_0Z_0$，用于确定机器人与周边设备之间或者若干个机器人之间的位置。所有其他坐标系均与世界坐标系直接或者间接相关。

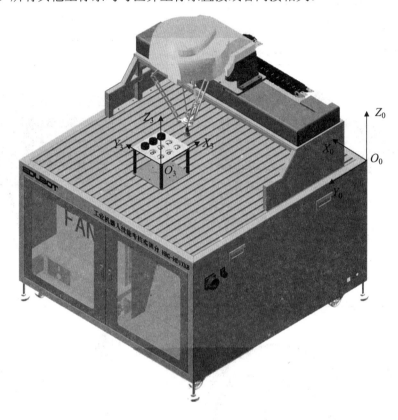

图 2.13　机器人世界坐标系和工具坐标系

➢ **基坐标系**

基坐标系是机器人工具和工件坐标系的参照基础，是工业机器人示教与编程时经常使用的坐标系之一。工业机器人出厂前，其基坐标系已由生产商定义好，用户不可以更改。

各生产商对机器人的基坐标系的定义各不相同，需要参考其技术手册。FANUC 和 ABB 机器人的基坐标系定义见表 2.1。

➢ **工具坐标系**

工具坐标系（Tool Control Frame，TCF）是用来定义工具中心点的位置和工具姿态的坐标系，其原点定义在 TCP 点，但 X 轴、Y 轴和 Z 轴的方向定义因生产商而异。未定义时，工具坐标系默认在机器人末端连接法兰中心处，如图 2.14 所示。

工具坐标系的方向随腕部的移动而发生变化，与机器人的位姿无关。因此，在进行相对于工件不改变工具姿态的平移操作时，选用该坐标系最为适宜。

表 2.1　FANUC 和 ABB 机器人的基坐标系的定义

品牌	FANUC M-1iA 并联机器人	ABB IRB 360 并联机器人
定义	原点定义在机器人原点位置状态下 J1、J2、J3 轴所处平面与 J4 轴的交点处，Z 轴向上，X 轴向前（指向 J1 轴反方向），Y 轴按右手规则确定	原点定义在机器人安装面的中心处，Z 轴向下，X 轴指向轴 1，Y 轴按右手规则确定
示意图	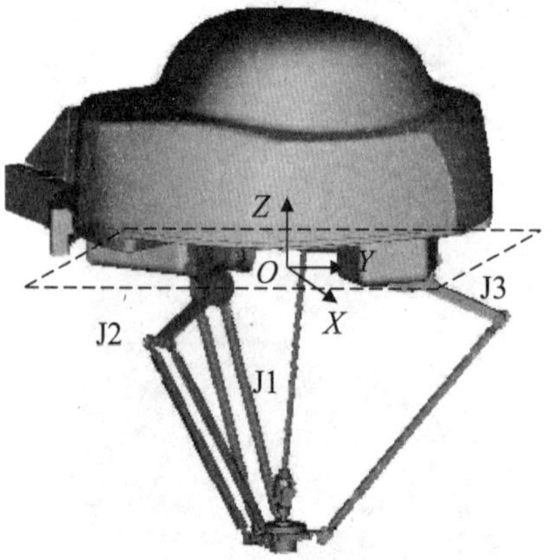	
俯视图	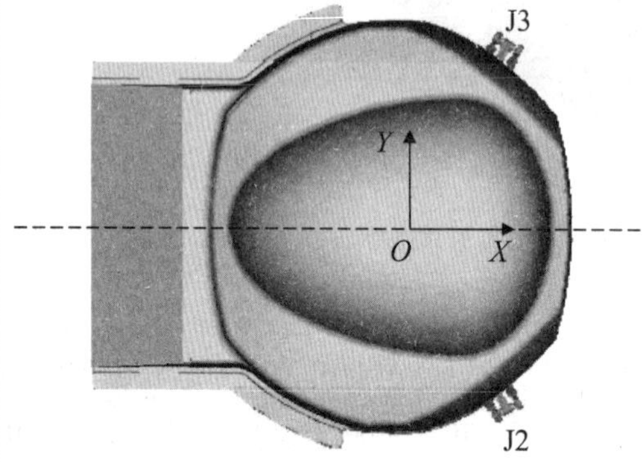	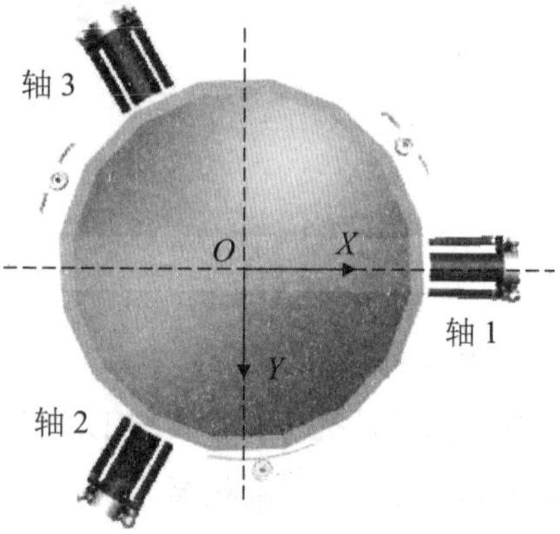

> **工件坐标系**

工件坐标系也称用户坐标系，是用户对每个作业空间进行定义的直角坐标系。该坐标系以基坐标系为参考，通常建立在工件或工作台上，如图 2.13 中的坐标系 $O_3\text{-}X_3Y_3Z_3$。当机器人配置多个工件或工作台时，选用工件坐标系可使操作更为简单。

工件坐标系优点： 当机器人运行轨迹相同，但工件位置不同时，只需要更新工件坐标系即可，无需重新编程。

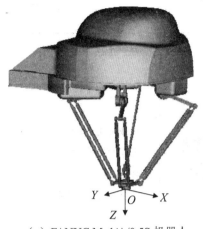

（a）FANUC M-1iA/0.5S 机器人　　　　　（b）ABB IRB 360-8/1130 机器人

图 2.14　机器人的默认工具坐标系

2.4　性能参数

　　设计或选用什么样的 DELTA 并联机器人，首先要了解其主要技术参数，然后根据生产和工艺的实际要求，通过机器人的技术参数来设计或选择机器人的机械结构、坐标形式和传动装置等。

※　性能参数

　　机器人的技术参数反映了机器人的适用范围和工作性能，主要包括：自由度、额定负载、工作空间、最大工作速度和重复精度等。自由度的相关介绍请参考 2.2.3 小节。

2.4.1　额定负载

　　额定负载也称**有效负荷**，是指正常作业条件下，DELTA 并联机器人在规定性能范围内，末端所能承受的最大载荷。

　　目前，DELTA 并联机器人常见负载范围为 0.5 kg～8 kg，见表 2.2。

表 2.2　DELTA 并联机器人的额定负载

厂商	型号	实物图	性能
ABB	IRB 360-8/1130		负载能力：8 kg 工作空间直径：1 130 mm 轴数：4 重复精度：±0.10 mm

续表 2.2

厂商	型号	实物图	性能
FANUC	M-1iA/0.5S		负载能力：0.5 kg 工作空间直径：280 mm 轴数：4 重复精度：±0.02 mm
YASKAWA	MPP3S		负载能力：3 kg 工作空间直径：800 mm 轴数：4 重复精度：±0.10 mm
Adept	Hornet 565	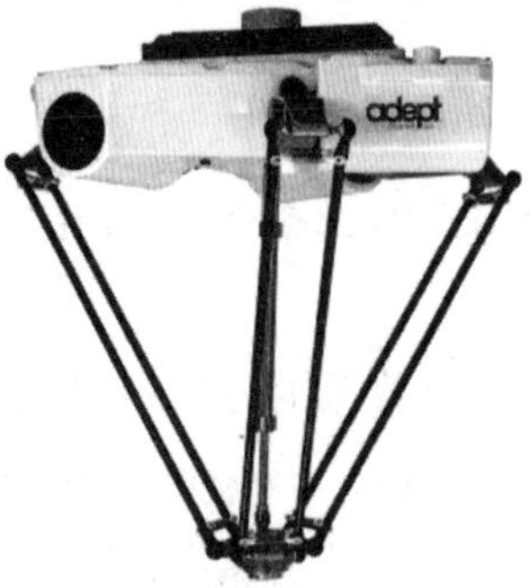	负载能力：1 kg 工作空间直径：1 130 mm 轴数：4 重复精度：±0.10 mm

额定负载通常用载荷图表示，如图 2.15 所示。

在图 2.15 中：纵轴（Z）表示负载重心到末端法兰面的距离，横轴（L）表示负载重心在末端法兰面所处平面上的投影与末端法兰中心的距离。图示中物件重心落在 0.5 kg 载荷线上，表示此时物件质量不能超过 0.5 kg。

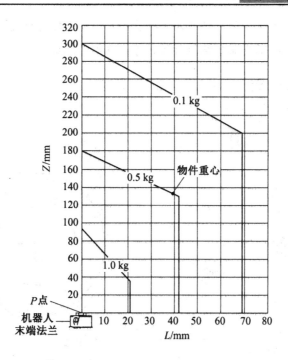

图 2.15 某 DELTA 并联机器人的载荷图

2.4.2 工作空间

机器人工作空间的大小代表了机器人的活动范围，它是衡量机器人工作能力的一个重要指标。**DELTA 并联机器人工作空间是指机器人作业时，动平台末端法兰参考中心所能到达的空间区域，**常用图形表示，如图 2.16 所示，其中 *P* 点为机器人工作空间的参考中心。

机器人工作空间又可细分为柔性工作空间和可达工作空间。

➤ 柔性工作空间

对空间中的任一点，机器人末端以任意姿态均可到达，此类点组成的空间称为柔性工作空间。

➤ 可达工作空间

机器人至少可以一种姿态到达的点组成的空间称为可达工作空间。显然，可达工作空间要大于柔性工作空间。

由图 2.16 知 ABB IRB 360-8/1130 机器人的工作空间为圆柱体，范围为 Φ1 130 mm × 350 mm，即直径为 1 130 mm，高度为 350 mm。

工作空间的形状和大小反映了机器人工作能力的大小，它不仅与机器人各连杆的尺寸有关，还与机器人的总体结构有关，机器人在作业时可能会因存在末端执行器不能到达的作业死区而不能完成规定任务。

由于末端执行器的形状和尺寸是多种多样的，为真实反映机器人的特征参数，生产商给出的工作范围一般是指不安装末端执行器时可以达到的区域。

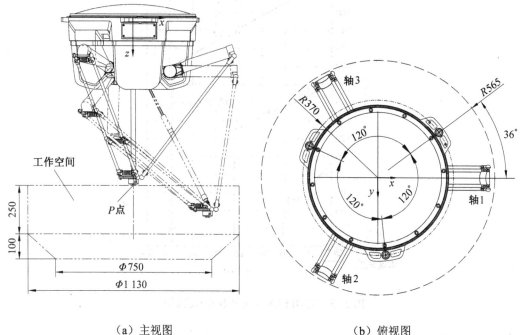

（a）主视图　　　　　　　　　　　　　（b）俯视图

（c）3D 体积

图 2.16　ABB IRB 360-8/1130 机器人的工作空间

2.4.3　最大工作速度

最大工作速度是指在各轴联动情况下，机器人末端法兰中心或者工具中心点所能达到的最大线速度。

不同生产商对 DELTA 并联机器人工作速度规定的内容有所不同，通常会在技术参数中加以说明，见表 2.3。

表 2.3　ABB IRB 360-1/1130 性能参数

性能		
1 kg 拾料节拍		S_1 S_2 B S_3 A C
25 mm×305 mm×25 mm	0.36 s	25 mm×305 mm×25mm 的含义： ① $S_1=S_3=25$ mm，$S_2=305$ mm； ② 机器人末端持有 1 kg 物料时，沿 $A{\rightarrow}B{\rightarrow}C{\rightarrow}B{\rightarrow}A$ 轨迹往返搬运一次的时间为 0.36 s； ③ 此往返过程中机器人末端最大速度为 10 m/s
最大速度	10 m/s	
最大加速度	150 m/s²	

显而易见，最大工作速度越高，工作效率就越高；然而，工作速度越高，对工业机器人最大加速度的要求也越高。

2.4.4　工作精度

工业机器人的工作精度包括**定位精度**和**重复定位精度**。

➤ **定位精度**又称**绝对精度**，是指机器人的末端执行器实际到达位置与目标位置之间的差距。

➤ **重复定位精度**简称**重复精度**，是指在相同的运动位置命令下，机器人重复定位其末端执行器于同一目标位置的能力，以实际位置值的**分散程度**来表示。

实际上机器人重复执行某位置给定指令时，它每次走过的距离并不相同，都是在一平均值附近变化，该平均值代表精度，变化的幅值代表重复精度，如图 2.17 和图 2.18 所示。机器人具有绝对精度低、重复精度高的特点。

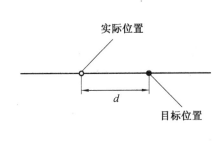

图 2.17　定位精度

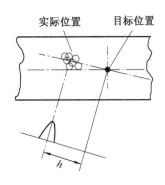

图 2.18　重复定位精度

一般而言，工业机器人的绝对精度要比重复精度低 1～2 个数量级，其主要原因是：由于机器人本身的制造误差、工件加工误差以及机器人与工件的定位误差等因素的存在，使机器人的运动学模型与实际机器人的物理模型存在一定的误差，从而导致机器人控制系统根据机器人运动学模型来确定机器人末端执行器的位置时也会产生误差。

由于工业机器人具有转动关节，不同回转半径时其直线分辨率是变化的，因此机器人的定位精度难以确定，通常工业机器人只给出重复定位精度。

 思考题

1. 什么是平移变换矩阵？
2. 什么是旋转变换矩阵？
3. DELTA 并联机器人的机械臂由哪几个部分组成？
4. 什么是机器人的自由度？
5. 什么是机器人的额定负载？
6. 什么是机器人的工作空间？可以细分为哪几个部分？
7. 什么是机器人的最大工作速度？
8. 机器人的工作精度包括哪几个部分？各部分含义是什么？
9. 为什么机器人一般不给出定位精度？

第3章 机器人运动学

并联机器人与串联机器人相比，结构相对比较复杂，且属于多条独立运动链链接的闭环机构，致使其机构学研究也相对比较困难。运动学分析主要是研究并联机器人输入输出参数之间对应的函数关系，是机构学的重要内容之一，也是机构奇异性、工作空间和灵巧性等研究的基础。

三自由度 DELTA 并联机器人的运动学通常包括逆向运动学（IK-inverse kinematics）和正向运动学（FK-forward kinematics）。逆向运动学是指给出机器人末端动平台的各个位置点坐标，求解三个电机的转动角度。建立逆向运动学模型对于研究三自由度并联机器人的控制器，尤其是位置控制器是非常重要的问题。正向运动学则是指给出机器人 3 个电机的转动角度，求解末端动平台所对应各个点的坐标值，可用于三自由度并联机器人工作空间的分析与研究。运用正向运动学可以将三自由度并联机器人的末端执行器所能达到的每个点描绘出来，作出其在三维坐标中的工作空间图，为其结构设计提供一个有力的工具。

本章以三自由度 DELTA 并联机器人为研究对象，将真实的模型进行一定的简化，建立相应的参考坐标系，定义各个机构参数和点的位置坐标，然后根据各个构件之间的几何关系，建立相应的运动学方程，最后经推导和化简求解机构的运动学正解和逆解方程，并对其工作空间进行分析，为并联机器人的设计及应用奠定基础。

3.1 DELTA 并联机构模型

典型的 DELTA 并联机器人由两个平台组成：静平台和动平台，结构如图 3.1 所示。其中静平台上面安装有 3 个伺服电机，而动平台的下面装有末端执行器。

两个平台通过 3 条完全相同的运动链相连接，每条运动链中有一个由 4 个球铰与 2 个从动臂组成的平行四边形闭环，此闭环与主动臂相连，主动臂与固定平台之间通过转动副连接。3 组平行四边形机构的应用约束了动平台的运动方向，使其与工作面保持平行，可以消除运动平台的转动自由度，从而保留空间的 3 个平动自由度。旋转自由度的消除，使机构工作空间扩大，并削减了运动奇异点。

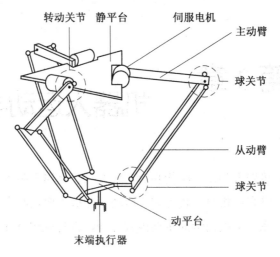

图 3.1　DELTA 并联机器人典型结构

3.1.1　自由度计算

　　根据 DELTA 并联机器人的结构模型，运用机械原理相关知识，作出本书设计的机器人的机构运动简图，如图 3.2 所示。该并联机器人共计 9 个关节，包括 3 个转动副（伺服电机与主动臂的连接）和 12 个球面副（从动臂与主动臂、动平台的连接）。利用空间机构自由度计算公式可以计算出该机构的自由度。

❋　自由度计算

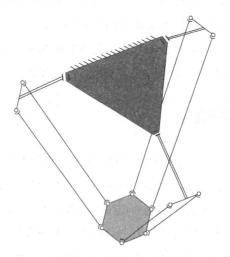

图 3.2　DELTA 并联机器人机构运动简图

　　目前，关于并联机器人自由度计算的问题，主要采用的是经典的 Kutzbach Grubler 公式，即

$$F = 6(n - g - 1) + \sum_{i=1}^{g} f_i \qquad (3.1)$$

其中，各参数的具体含义如下：

F 代表机构的自由度数；n 代表机构的构件总数；g 代表机构中运动副的总数；f_i 代表第 i 个运动副的自由度数。

通过分析并联机器人的机构可知，该机构的总构件 $n=11$，总运动副数 $g=15$，其中球面副有 12 个，每个球面副具有 3 个自由度；转动副有 3 个，每个转动副有 1 个自由度；由于连杆通过两端的球面副与动平台和主动臂连接，因此连杆可绕自身轴旋转，机构具有冗余自由度，总数为 6 个。由式（3.1）求得，并联机器人的自由度数为

$$F = 6 \times (11 - 15 - 1) + 3 \times 12 + 1 \times 3 - 6 = 3$$

因此，该形式 DELTA 并联机器人具有 3 个平移自由度，即运动平台在机器人工作空间内沿 X 轴、Y 轴和 Z 轴 3 个方向平移运动。

3.1.2　模型参数定义

❀ 模型参数定义

为了方便求解三自由度平台的空间位置关系，研究平台的运动规律，首先将机构稍加改造，将每一组平行四边形闭环上下两边中点之间加入一根虚拟连杆，如图 3.3 所示。考虑到动平台只有平动没有转动，相对于固定平台姿态固定，机构中所有分支中的平行四边形框架始终为平面四边形，而不会扭曲为空间四边形。在此条件下，平行四边形左右两边的运动与上下两边中点连线的运动完全相同。因此，在进行运动分析时，将机构简化为图 3.4。

3 个主动臂用一端为转动关节、另一端为球关节的线段表示，6 根从动臂简化为 3 个两端为球关节的线段。考虑到静平台上 3 个转角关节和动平台上 3 对球关节间的相隔角度均为 120° 且距离相等，故可将静平台和动平台简化为一大一小的两个等边三角形。

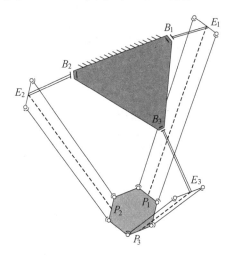

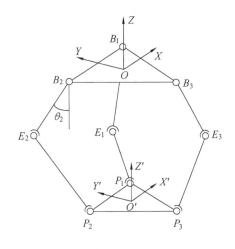

图 3.3　引入虚拟杆的运动学模型　　　　图 3.4　DELTA 并联机器人机构简图

如图 3.4 所示，记 $B_1B_2B_3$ 为机器人静平台，$P_1P_2P_3$ 为机器人动平台。静平台通过 B_1E_1、B_2E_2、B_3E_3 3 个主动臂，连接 P_1E_1、P_2E_2、P_3E_3 3 个从动臂。而静坐标系 O–XYZ 原点 O 定义在静平台（固定平台）的几何中心；动平台上建立动坐标系 O'–$X'Y'Z'$，O' 为动平台的几何中心，其中 Z 轴和 Z' 轴分别垂直于静平台和动平台，OY 轴和 $O'Y'$ 轴分别垂直于 B_1B_2 和 P_1P_2。

主动臂为图中的 B_iE_i，长度均为 L_b，从动臂为图中 E_iP_i，长度均为 L_a。θ_1、θ_2、θ_3 为电机主动臂对静平台的张角。静平台各顶点到静坐标系原点 O 的长度 $|OB_i| = R$，动平台各顶点到动坐标系原点 O' 的长度 $|O'P_i| = r$。OO' 为动坐标系的原点相对于静坐标系的位置矢量，记为 $OO' = [x \quad y \quad z]^T$，其中 x、y、z 分别为动坐标系的原点 O' 在静坐标系中沿 X 轴、Y 轴、Z 轴方向的分量。

DELTA 并联机器人的结构模型参数见表 3.1。

表 3.1　DELTA 并联机器人模型参数

结构参数	数学模型参数	含　义
B_iE_i	L_b	主动臂长度
E_iP_i	L_a	从动臂长度
θ_1、θ_2、θ_3		电机主动臂对静平台的张角
$|OB_i|$	R	静平台各顶点到静坐标系原点 O 的长度
$|O'P_i|$	r	动平台各顶点到动坐标系原点 O' 的长度
$\overrightarrow{OO'}$	$[x \quad y \quad z]^T$	动坐标系的原点相对于静坐标系的位置矢量

3.1.3　运动学定义

机器人运动学是从几何或机构的角度描述和研究机器人的运动特性，而不考虑引起这些运动的力或力矩的作用，这其中有两个基本问题：

❋ 运动学定义

➤ **运动学正问题**

对一给定的机器人操作机，已知各关节角矢量，求末端执行器相对于参考坐标系的位姿，称为**正向运动学**（运动学正解），如图 3.5（a）所示。机器人示教时，机器人控制器即逐点进行运动学正解计算。

➤ **运动学逆问题**

对一给定的机器人操作机，已知末端执行器在参考坐标系中的初始位姿和目标（期望）位姿，求各关节角矢量，称为**逆向运动学**（运动学逆解），如图 3.5（b）所示。机器人再现时，机器人控制器即逐点进行运动学逆解运算，并将角矢量分解到操作机各关节。

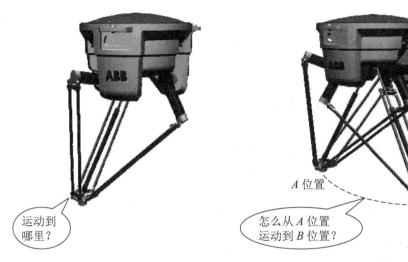

（a）运动学正问题　　　　　　　　　（b）运动学逆问题

图 3.5　运动学基本问题

3.1.4　运动学方程

❋　运动学方程

DELTA 并联机器人通过 3 个分支铰链将上下平台连接起来，主动臂在电机的驱动下做一定角度的反复摆动，再通过平行四边形闭环和转动副使动平台做平移运动。对于该机构，运动学建模问题即建立静平台 3 个控制电机的旋转角度（θ_1、θ_2、θ_3）与动平台中心点在静坐标系中的坐标$[x \quad y \quad z]^\mathrm{T}$之间的数学关系。

由图 3.4 可知，静坐标系与静平台的空间几何关系如图 3.6 所示，假设静坐标系原点 O 与静平台各顶点 B_i 的连线$|OB_i|$到静坐标系 X 轴的角度为η_i。则点 B_i 在静坐标系 O–XYZ 中的位置矢量为

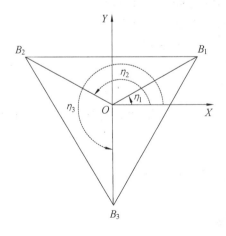

图 3.6　静平台的静坐标系

$$[B_i]_O = \begin{bmatrix} R\cos\eta_i \\ R\sin\eta_i \\ 0 \end{bmatrix}，\text{其中 } \eta_i = \frac{4i-3}{6}\pi，（i=1,2,3）。$$

同样，也可以得到点 P_i 在动坐标系 O'-$X'Y'Z'$ 中的位置矢量为

$$[P_i]_{O'} = \begin{bmatrix} r\cos\eta_i \\ r\sin\eta_i \\ 0 \end{bmatrix}，\text{其中 } \eta_i = \frac{4i-3}{6}\pi，（i=1,2,3）。$$

根据几何学关系，可以得到点 E_i 在静坐标系 O-XYZ 中的位置矢量为

$$[E_i]_O = \begin{bmatrix} (R+L_b\sin\theta_i)\cos\eta_i \\ (R+L_b\sin\theta_i)\sin\eta_i \\ -L_b\cos\theta_i \end{bmatrix}，\text{其中 } \eta_i = \frac{4i-3}{6}\pi，（i=1,2,3）。$$

由于 $\boldsymbol{OO'}$ 为动坐标系的原点 O' 相对于静坐标系的位置矢量，且 $\boldsymbol{OO'}=[x \quad y \quad z]^T$，则可以得到点 O' 在静坐标系 O-XYZ 中的位置矢量为

$$[O']_O = [x \quad y \quad z]^T$$

则点 P_i 在静坐标系 O-XYZ 中的位置矢量为

$$[\boldsymbol{P}_i]_O = [\boldsymbol{P}_i]_{O'} + [\boldsymbol{O'}]_O = \begin{bmatrix} r\cos\eta_i + x \\ r\sin\eta_i + y \\ z \end{bmatrix}，\text{其中 } \eta_i = \frac{4i-3}{6}\pi，（i=1,2,3）。$$

因此可以得出 $\overrightarrow{P_iE_i}$ 的矢量表达式为

$$\overrightarrow{P_iE_i} = [\boldsymbol{E}_i]_O - [\boldsymbol{P}_i]_O = \begin{bmatrix} (R+L_b\sin\theta_i - r)\cos\eta_i - x \\ (R+L_b\sin\theta_i - r)\sin\eta_i - y \\ -L_b\cos\theta_i - z \end{bmatrix}$$

根据 $\left|\overrightarrow{P_iE_i}\right| = L_a$，可推导出

$$[(R+L_b\sin\theta_i - r)\cos\eta_i - x]^2 + [(R+L_b\sin\theta_i - r)\sin\eta_i - y]^2 + (-L_b\cos\theta_i - z)^2 = L_a^2 \quad (3.2)$$

3.2　正运动学

3.2.1　正运动学解算

正解： 已知（θ_1、θ_2、θ_3），求解（x、y、z）。

※ 正运动学

对于 DELTA 并联机器人机构，运动学正解问题是给定 3 个主动臂相对于静平台的张角，求解动平台中心点在基坐标系中的坐标。

将 η_1、η_2、η_3 的值分别带入式（3.2），可得方程组

$$\begin{cases} \left[\dfrac{\sqrt{3}}{2}(R+L_b\sin\theta_1-r)-x\right]^2+\left[\dfrac{1}{2}(R+L_b\sin\theta_1-r)-y\right]^2+(L_b\sin\theta_1+z)^2=L_a^2 \\[2mm] \left[-\dfrac{\sqrt{3}}{2}(R+L_b\sin\theta_2-r)-x\right]^2+\left[\dfrac{1}{2}(R+L_b\sin\theta_2-r)-y\right]^2+(L_b\sin\theta_2+z)^2=L_a^2 \\[2mm] x^2+[(R+L_b\sin\theta_3-r)+y]^2+(L_b\cos\theta_3+z)^2=L_a^2 \end{cases}$$

令

$$A_1=\frac{\sqrt{3}}{2}(R+L_b\sin\theta_1-r)$$

$$B_1=\frac{1}{2}(R+L_b\sin\theta_1-r)$$

$$C_1=L_b\cos\theta_1$$

$$A_2=\frac{\sqrt{3}}{2}(R+L_b\sin\theta_2-r)$$

$$B_2=\frac{1}{2}(R+L_b\sin\theta_2-r)$$

$$C_2=L_b\cos\theta_2$$

$$A_3=1$$

$$B_3=R+L_b\sin\theta_3-r$$

$$C_3=L_b\cos\theta_3$$

带入上式整理可得

$$\begin{cases} (A_1-x)^2+(B_1-y)^2+(C_1+z)^2=L_a^2 & (3.3) \\[2mm] (A_2-x)^2+(B_2-y)^2+(C_2+z)^2=L_a^2 & (3.4) \\[2mm] x^2+(B_3+y)^2+(C_3+z)^2=L_a^2 & (3.5) \end{cases}$$

根据公式（3.3）、（3.5）得到

$$A_1x+B_{13}y=C_{13}z+D_1 \tag{3.6}$$

根据公式（3.4）～（3.5）得到

$$A_2 x + B_{23} y = C_{23} z + D_2 \tag{3.7}$$

其中

$$B_{13} = B_1 + B_3$$

$$B_{23} = B_2 + B_3$$

$$C_{13} = C_1 - C_3$$

$$C_{23} = C_2 - C_3$$

$$D_1 = \frac{1}{2}\left(A_1^2 + B_1^2 + C_1^2 - B_3^2 - C_3^2\right)$$

$$D_2 = \frac{1}{2}\left(A_2^2 + B_2^2 + C_2^2 - B_3^2 - C_3^2\right)$$

由式（3.6）和式（3.7）联解可以得到 x、y 关于 z 的表达式，即

$$x = E_1 z + F_1 \tag{3.8}$$

$$y = E_2 z + F_2 \tag{3.9}$$

其中

$$E_1 = \frac{B_{13} C_{23} - B_{23} C_{13}}{A_2 B_{13} - A_1 B_{23}}$$

$$F_1 = \frac{B_{13} D_2 - B_{23} D_1}{A_2 B_{13} - A_1 B_{23}}$$

$$E_2 = \frac{A_2 C_{13} - A_1 C_{23}}{A_2 B_{13} - A_1 B_{23}}$$

$$F_2 = \frac{A_2 D_1 - A_1 D_2}{A_2 B_{13} - A_1 B_{23}}$$

将式（3.8）、（3.9）带入式（3.5）中，可以得到关于 z 的一元二次方程，即

$$az^2 + bz + c = 0$$

其中

$$a = E_1^2 + E_2^2 + 1$$

$$b = 2E_1 F_1 + 2E_2 B_3 + 2E_2 F_2 + 2C_3$$

$$c = F_1^2 + (B_3 + F_2)^2 + C_3^2 - L_a^2$$

解为

$$z = \frac{-b \pm \sqrt{b^2 - 4ac}}{2a}$$

分析可知，正解有 2 组，如图 3.7 所示，一组是动平台在静平台下面（符合该机器人），另外一组是动平台在静平台上面（不合理）。

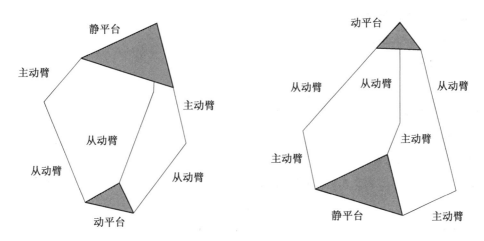

图 3.7　正解示意图

因此 z 的表达式中，"－"解有意义，"＋"解舍去，即

$$z = \frac{-b - \sqrt{b^2 - 4ac}}{2a} \tag{3.10}$$

3.2.2　正运动学验证

在 DELTA 并联机器人的工作空间中，主动臂相对于静平台的张角 θ_1、θ_2、θ_3 的范围均为 $2.9°\sim112.6°$，其余结构参数见表 3.2。

表 3.2　结构参数数据

结构参数	数值	单位	含　义
R	60	mm	静平台各顶点到静坐标系原点 O 的长度
r	35	mm	动平台各顶点到动坐标系原点 O' 的长度
L_a	350	mm	从动臂长度
L_b	100	mm	主动臂长度

根据编制的 MATLAB 程序计算 DELTA 并联机器人动平台中心点在基坐标系中的坐标 $(x, y, z)^{\mathrm{T}}$，程序如下：

```
function [x,y,z]=Forward(theta1,theta2,theta3)
Lb=100;La=350;R=60;r=35;
A1=sqrt(3)/2*(R+Lb*sind(theta1)-r);
B1=1/2*(R+Lb*sind(theta1)-r);
C1=Lb*cosd(theta1);
A2=-sqrt(3)/2*(R+Lb*sind(theta2)-r);
B2=1/2*(R+Lb*sind(theta2)-r);
C2=Lb*cosd(theta2);
A3 = 1;
B3=R+Lb*sind(theta3)-r;
C3=Lb*cosd(theta3);
D1=(A1.*A1+B1.*B1+C1.*C1-B3.*B3-C3.*C3)/2;
D2=(A2.*A2+B2.*B2+C2.*C2-B3.*B3-C3.*C3)/2;
B13=B1+B3;
C13=C1-C3;
B23=B2+B3;
C23=C2-C3;
E2=(A2.*C13-A1.*C23)./(A2.* B13-A1.*B23);
F2=(A2.*D1-A1.*D2)./(A2.*B13-A1.*B23);
E1=(B13.*C23-B23.*C13)./(A2.*B13-A1.*B23);
F1=(B13.*D2-B23.*D1)./(A2.*B13-A1.*B23);
a=E1.*E1+E2.*E2+1;
b=2*E2.*F2+2*B3.*E2+2*E1.*F1+2* C3;
c=F2.*F2+B3.*B3+2*B3.*F2+F1.*F1+C3.*C3-La^2;
z=(-b-sqrt(b.*b-4*a.*c))./(2*a);
x=E1.*z+F1;
y=E2.*z+F2;
end
```

　　运算得到其正解验证数据，见表 3.3。

　　由表 3.3 可知，DELTA 并联机器人运动学正解分析是合理的。

表 3.3   正解验证数据

初始位置			正解		
$\theta_1/(°)$	$\theta_2/(°)$	$\theta_3/(°)$	x	y	z
2.9	30	52	−100.148 2	−121.379 5	−396.471 1
2.9	86	33	−242.438 2	−1.132 2	−323.841 8
10	66	40	−176.744 1	−25.567 4	−371.905 0
20	60	80	−134.117 5	−135.924 5	−340.409 2
30	2.9	84	112.108 6	−208.337 3	−331.225 3
41.1	41.1	2.9	0	150.100 5	−399.942 7
62.8	62.8	112.6	0	−150.150 4	−310.027 4
70	100	40	−77.533 1	149.916 9	−320.067 1
90	90	90	0	0	−326.917 4
112.6	70	70	110.588 4	63.848 3	−311.416 6

3.3   逆运动学

3.3.1   逆运动学解算

逆解：已知（x，y，z），求解（θ_1，θ_2，θ_3）。

运动学逆问题的求解是机器人控制的关键，因为只有使各关节变量按逆解中求得的值运动，才能使末端操作器达到所要求的位姿。

※   逆运动学

位置逆解的具体分析如下：

将 η_1、η_2、η_3 的值分别带入式（3.2）（运动学方程），可得方程组

$$\begin{cases} \left[\dfrac{\sqrt{3}}{2}(R+L_b\sin\theta_1-r)-x\right]^2 + \left[\dfrac{1}{2}(R+L_b\sin\theta_1-r)-y\right]^2 + (L_b\cos\theta_1+z)^2 = L_a^2 \\[4mm] \left[-\dfrac{\sqrt{3}}{2}(R+L_b\sin\theta_2-r)-x\right]^2 + \left[\dfrac{1}{2}(R+L_b\sin\theta_2-r)-y\right]^2 + (L_b\cos\theta_2+z)^2 = L_a^2 \\[4mm] x^2 + [(R+L_b\sin\theta_3-r)+y]^2 + (L_b\cos\theta_3+z)^2 = L_a^2 \end{cases}$$

整理并化简，可得到一个关于 θ_i 的一元二次方程

$$K_i t_i^2 + U_i t_i + V_i = 0 \qquad (i=1,2,3) \tag{3.11}$$

其中

$$t_i = \tan\left(\frac{1}{2}\theta_i\right)$$

$$K_1 = \frac{L_a^2 - L_b^2 - x^2 - y^2 - z^2 - (R-r)^2 + (R-r)(\sqrt{3}x+y)}{L_b} + 2z$$

$$U_1 = -2[2(R-r) - \sqrt{3}x - y]$$

$$V_1 = \frac{L_a^2 - L_b^2 - x^2 - y^2 - z^2 - (R-r)^2 - (R-r)(\sqrt{3}x-y)}{L_b} - 2z$$

$$K_2 = \frac{L_a^2 - L_b^2 - x^2 - y^2 - z^2 - (R-r)^2 - (R-r)(\sqrt{3}x-y)}{L_b} + 2z$$

$$U_2 = -2[2(R-r) - \sqrt{3}x - y]$$

$$V_2 = \frac{L_a^2 - L_b^2 - x^2 - y^2 - z^2 - (R-r)^2 - (R-r)(\sqrt{3}x-y)}{L_b} - 2z$$

$$K_3 = \frac{L_a^2 - L_b^2 - x^2 - y^2 - z^2 - (R-r)^2 - 2y(R-r)}{2L_b} + z$$

$$U_3 = -2(R-r+y)$$

$$V_3 = \frac{L_a^2 - L_b^2 - x^2 - y^2 - z^2 - (R-r)^2 - 2y(R-r)}{2L_b} - z$$

由于 K_i、U_i、V_i 均为已知量，所以求解等式（3.11）关于 t_i 的一元二次方程得

$$t_i = \frac{-U_i \pm \sqrt{U_i^2 - 4K_iV_i}}{2K_i} \qquad (i=1,2,3)$$

因此当给定机器人运动平台的位姿，根据下式可直接求出电机的输入，即主动臂的张角为

$$\theta_i = 2\arctan(t_i)$$

当给定合理的（x，y，z）时，公式（3.11）中每个表达式均为 θ_1、θ_2、θ_3 的一元二次方程，通过解方程可分别得到 θ_1、θ_2、θ_3 的 2 个解，其中 1 个为正值，1 个为负值，共 8 组解。

假设根据逆解公式求出：

$$
\begin{cases}
\theta_1 = |\theta_1| & \text{或} \quad -|\theta_1| \\
\theta_2 = |\theta_2| & \text{或} \quad -|\theta_2| \\
\theta_3 = |\theta_3| & \text{或} \quad -|\theta_3|
\end{cases}
$$

所得的 8 组逆解分别为

$\boldsymbol{a} = (\theta_1, \theta_2, \theta_3) = (|\theta_1|, |\theta_2|, |\theta_3|)$

$\boldsymbol{b} = (\theta_1, \theta_2, \theta_3) = (-|\theta_1|, |\theta_2|, |\theta_3|)$

$\boldsymbol{c} = (\theta_1, \theta_2, \theta_3) = (-|\theta_1|, -|\theta_2|, |\theta_3|)$

$\boldsymbol{d} = (\theta_1, \theta_2, \theta_3) = (|\theta_1|, -|\theta_2|, |\theta_3|)$

$\boldsymbol{e} = (\theta_1, \theta_2, \theta_3) = (|\theta_1|, -|\theta_2|, -|\theta_3|)$

$\boldsymbol{f} = (\theta_1, \theta_2, \theta_3) = (|\theta_1|, |\theta_2|, -|\theta_3|)$

$\boldsymbol{g} = (\theta_1, \theta_2, \theta_3) = (-|\theta_1|, |\theta_2|, -|\theta_3|)$

$\boldsymbol{h} = (\theta_1, \theta_2, \theta_3) = (-|\theta_1|, -|\theta_2|, -|\theta_3|)$

根据上面的 8 组解作出姿态示意图，如图 3.8 所示。

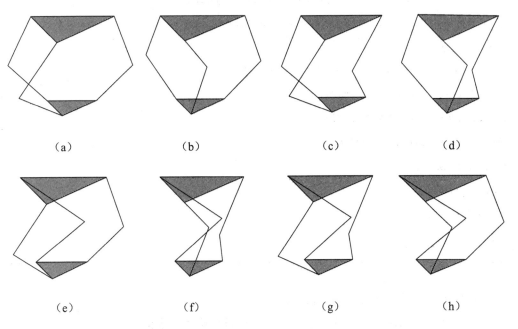

　（a）　　　　　　　（b）　　　　　　　（c）　　　　　　　（d）

　（e）　　　　　　　（f）　　　　　　　（g）　　　　　　　（h）

图 3.8　逆解姿态示意图

可以看出只有 θ_1、θ_2、θ_3 为正值对我们来说才有意义，即图 3.8（a）为合理解，所以通过筛选可以得到唯一的解。即 $t_i(-)$ 的角度解为合理的解，此时角度为正值。

因此 t_i 的表达式中，"−"解有意义，"+"解舍去，得

$$t_i = \frac{-U_i - \sqrt{U_i^2 - 4K_iV_i}}{2K_i} \qquad (i=1，2，3) \qquad (3.12)$$

3.3.2　逆运动学验证

根据编制的 MATLAB 程序计算 DELTA 并联机器人主动臂相对于静平台的张角（θ_1，θ_2，θ_3），程序如下：

```
function [theta1,theta2,theta3] = Inverse(x,y,z)
Lb=100;La=350;R=60;r=35;
K1=2*z+(La^2-Lb^2-x^2-y^2-z^2-(R-r)^2+(R-r)*(sqrt(3)*x+y))/Lb;
U1=-2*(2*(R-r)-sqrt(3)*x-y);
V1=-2*z+(La^2-Lb^2-x^2-y^2-z^2-(R-r)^2+(R-r)*(sqrt(3)*x+y))/Lb;
K2=2*z+(La^2-Lb^2-x^2-y^2-z^2-(R-r)^2-(R-r)*(sqrt(3)*x-y))/Lb;
U2=-2*(2*(R-r)+sqrt(3)*x-y);
V2=-2*z+(La^2-Lb^2-x^2-y^2-z^2-(R-r)^2-(R-r)*(sqrt(3)*x-y))/Lb;
K3=z+(La^2-Lb^2-x^2-y^2-z^2-(R-r)^2-2*y*(R-r))/(2*Lb);
U3=-2*(R-r+y);
V3=-z+(La^2-Lb^2-x^2-y^2-z^2-(R-r)^2-2*y*(R-r))/(2*Lb);
t1=(-U1-sqrt(U1^2-4*K1*V1))/(2*K1);
t2=(-U2-sqrt(U2^2-4*K2*V2))/(2*K2);
t3=(-U3-sqrt(U3^2-4*K3*V3))/(2*K3);
theta1=2*atand(t1);
theta2=2*atand(t2);
theta3=2*atand(t3);
end
```

运算得到其逆解验证数据，见表 3.4。

由表 3.4 可知，DELTA 并联机器人运动学逆解分析是合理的。

表 3.4 逆解验证数据

初始位置			逆解		
x	y	z	$\theta_1/(°)$	$\theta_2/(°)$	$\theta_3/(°)$
150	0	−320	102.586 8	48.235 6	73.826 4
96.42	−114.91	−388	39.666 8	12.915 6	58.955 9
51.30	140.95	−362	75.161 2	56.280 8	27.663 0
21.04	−77.21	−347	69.369 9	62.292 5	89.474 9
0	−150	−310	62.868 4	62.868 4	112.624 8
0	150	−400	41.079 4	41.079 4	2.902 6
−75	−130	−354	33.031 7	55.504 3	83.004 9
−150	150	−310	45.590 8	104.774 8	29.502 1
−35.25	0	−373	58.075 4	69.657 2	63.761 4
129.24	−75.27	−400	41.082 8	3.134 2	41.308 5

3.4 工作空间

3.4.1 工作空间解算

机器人工作空间的大小代表了机器人的活动范围,它是衡量机器人工作能力的一个重要指标。机器人工作空间定义为:在结构限制下末端操作器能够达到的所有位置的集合。传统的

※ 工作空间

计算工作空间的方法有搜索法、作图法等,本书在运动反解的基础上运用一种求解 DELTA 并联机器人工作空间的方法,相对比较简单,并且直观,具体过程如下。

根据运动学逆解公式化简可得

$$(2L_b\Delta r - 2L_b x\cos\eta_i - 2L_b y\sin\eta_i)\sin\theta_i + 2L_b z\cos\theta_i -$$

$$[L_a^2 - L_b^2 - x^2 - y^2 - z^2 - \Delta r^2 + 2\Delta r(x\cos\eta_i + y\sin\eta_i)] = 0$$

其中

$$\Delta r = R - r$$

将上式写成

$$m_i\sin\theta_i + n_i\cos\theta_i - k_i = 0$$

其中

$$m_i = 2L_b\Delta r - 2L_b x\cos\eta_i - 2L_b y\sin\eta_i$$

$$n_i = 2L_b z$$

$$k_i = L_a^2 - L_b^2 - x^2 - y^2 - z^2 - \Delta r^2 + 2\Delta r(x\cos\eta_i + y\sin\eta_i)$$

因此可以得出不等式为

$$\frac{k_i}{\sqrt{m_i^2 + n_i^2}} \leqslant 1 \rightarrow k_i^2 - (m_i^2 + n_i^2) \leqslant 0$$

即

$$Q_i(x, y, z) = [L_a^2 - L_b^2 - x^2 - y^2 - z^2 - \Delta r^2 + 2\Delta r(x\cos\eta_i + y\sin\eta_i)] -$$

$$[(2L_b\Delta r - 2L_b x\cos\eta_i - 2L_b y\sin\eta_i)^2 + 4L_b^2 z^2]$$

$$[(x\cos\eta_i + y\sin\eta_i - \Delta r)^2 + (x\sin\eta_i - y\sin\eta_i)^2 + z^2 + L_b^2 - L_a^2]^2 -$$

$$4L_b^2[(x\cos\eta_i + y\sin\eta_i - \Delta r)^2 + z^2] \leqslant 0$$

上述不等式即表示一个空间范围，该空间边界为 $Q_i(x, y, z) = 0$，$i=1$，2，3。

由于以上等式是建立在静坐标系 O-XYZ 中，在此可以定义一个新的旋转坐标系 O''-$X''Y''Z''$，则静坐标系原点 O 与旋转坐标系原点 O'' 重合，如图 3.9 所示。若给定静坐标系中的一点 $P(x, y, z)$，将 P 点在旋转坐标系中的坐标记为 (x'', y'', z'')，则由几何关系可知：

$$\begin{cases} x'' = x\cos\theta + y\sin\theta \\ y'' = -x\sin\theta + y\cos\theta \\ z'' = z \end{cases}$$

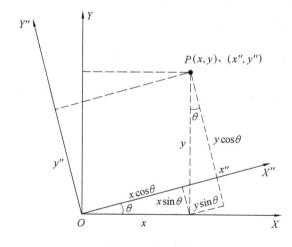

图 3.9　坐标系旋转

其中 θ 为旋转角度。所以动平台中心点 O' 在旋转坐标系 O''–$X''Y''Z''$ 中的位置矢量为

$$[\boldsymbol{O'}]_{O''} = \begin{bmatrix} x_{O''} \\ y_{O''} \\ z_{O''} \end{bmatrix} = \begin{bmatrix} x\cos\eta_i + y\sin\eta_i \\ -x\sin\eta_i + y\cos\eta_i \\ z \end{bmatrix}$$

将空间边界 $Q_i(x, y, z)=0$ 在旋转坐标系中表达为

$$[(x_{O''} - \Delta r)^2 + y_{O''}^2 + z_{O''}^2 + L_b^2 - L_a^2]^2 = 4L_b^2[(x_{O''} - \Delta r)^2 + z_{O''}^2]$$

上面形式与圆环的标准方程一致。

其中，圆环中心为

$$(\Delta r, 0, 0)_{O''} = (\Delta r\cos\eta_i, \Delta r\sin\eta_i, 0)_O$$

旋转轴为

$$y'' = -x\sin\eta_i + y\cos\eta_i$$

较小的半径为 L_b，较大的半径为 L_a。

3.4.2　工作空间验证

DELTA 并联机器人工作空间的数值求解步骤如下：

（1）确定搜索空间和搜索步长，并将搜索空间内的（θ_1，θ_2，θ_3）进行离散化。

（2）取离散化搜索空间内的一点（θ_{1i}，θ_{2i}，θ_{3i}），根据正运动学方程计算可得动平台中心点在基坐标系中的坐标（x_i，y_i，z_i）。

（3）遍历搜索空间内的所有离散点，舍去不满足要求的对应点，最终得并联机器人工作空间。

（4）包络面绘制。筛选工作空间内所有离散点在 x、y、z 方向的最大值和最小值，可得工作空间包络面。

根据编制的 MATLAB 程序计算 DELTA 并联机器人的工作空间，程序如下：

```
for theta1=2.9:5.485:112.6;
    [theta2,theta3]=meshgrid(2.9:5.485:112.6,2.9:5.485:112.6);
    [x,y,z]=Forward(theta1,theta2,theta3)
    mesh(x,y,z);
    hold on;
end
xlabel('X 轴');ylabel('Y 轴');zlabel('Z 轴');
title('X-Y-Z 空间');
axis([-350 350 -350 350 -600 0]);
```

运算得到其工作空间数据，如图 3.10 所示。

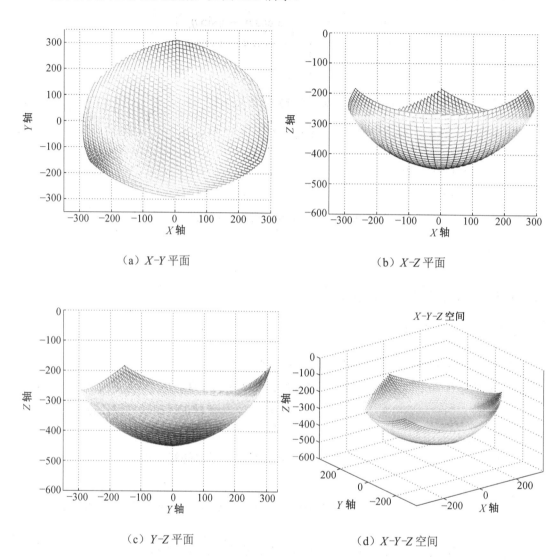

（a）*X*-*Y* 平面　　　　　　　　　　　　（b）*X*-*Z* 平面

（c）*Y*-*Z* 平面　　　　　　　　　　　　（d）*X*-*Y*-*Z* 空间

图 3.10　工作空间示意图

根据计算结果可得：

x 的最大值和最小值分别为：x_{min}=-290.315 2，x_{max}=290.315 2；

y 的最大值和最小值分别为：y_{min}=-292.783 5，y_{max}=309.916 7；

z 的最大值和最小值分别为：z_{min}=-447.848 5，z_{max}=-183.036 4。

在实际项目应用过程中，DELTA 并联机器人的工作空间为柔性工作空间，根据图 3.10 确定其最优工作范围为 Φ300 mm×90 mm，即直径为 300 mm，高度为 90 mm（-400 mm< z <-310 mm）的圆柱空间。

思考题

1. 如何计算 DELTA 并联机器人的自由度？

2. DELTA 并联机器人模型参数的含义是什么？

3. 机器人运动学基本问题包含哪几个？

4. 概述正运动学解算方法。

5. 概述逆运动学解算方法。

6. 概述 DELTA 并联机器人工作空间计算方法。

7. 概述并联机器人工作空间的数值求解步骤。

第4章 机器人控制系统

机器人控制器是根据机器人的作业指令程序以及传感器反馈回来的信号，支配操作机完成规定运动和功能的装置。它是机器人的关键和核心部分，类似于人的大脑，通过各种控制电路中硬件和软件的结合来操作机器人，并协调机器人与周边设备的关系。

4.1 控制系统

4.1.1 基本结构

一个典型的机器人控制系统，主要由**上位计算机、运动控制器、驱动器、电动机、执行机构和反馈装置**构成，如图4.1 所示。

※ 控制系统

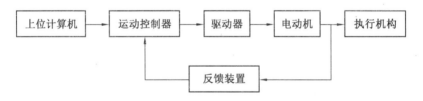

图 4.1 机器人控制系统的基本结构

4.1.2 构成方案

一般地，工业机器人控制系统基本结构的构成方案有 3 种：基于 PLC 的运动控制、基于 PC 和运动控制卡的运动控制、纯 PC 控制。

1. 基于 PLC 的运动控制

PLC 进行运动控制有两种，如图 4.2 所示。

（1）使用 PLC 的特定输出端口输出脉冲驱动电动机，同时使用高速脉冲输入端口来实现电动机的闭环位置控制。

（2）使用 PLC 外部扩展的位置模块来进行电动机的闭环位置控制。

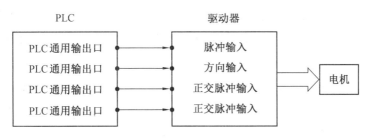

图 4.2 基于 PLC 的运动控制

2. 基于 PC 和运动控制卡的运动控制

运动控制器以运动控制卡为主，工控 PC 只提供插补运算和运动指令，运动控制卡完成速度控制和位置控制，如图 4.3 所示。

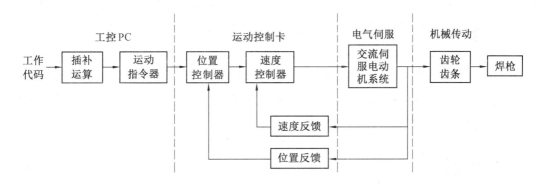

图 4.3 基于 PC 和运动控制卡的运动控制

3. 纯 PC 控制

图 4.4 为完全采用 PC 的全软件形式的机器人系统。在高性能工业 PC 和嵌入式 PC（配备专为工业应用而开发的主板）的硬件平台上，可通过软件程序实现 PLC 和运动控制等功能，实现机器人需要的逻辑控制和运动控制。

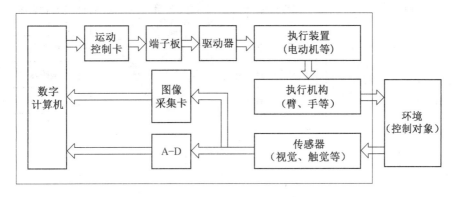

图 4.4 纯 PC 控制

　　通过高速的工业总线进行 PC 与驱动器的实时通信，能显著地提高机器人的生产效率和灵活性，但同时也大大提高了开发难度和延长了开发周期。由于其结构的先进性，现在大部分工业机器人均采用这种控制方式。

　　随着芯片集成技术和计算机总线技术的发展，专用**运动控制芯片**和**运动控制卡**越来越多地作为机器人的运动控制器。这两种形式的伺服运动控制器控制方便灵活，成本低，均以通用 PC 为平台，借助 PC 的强大功能来实现机器人的运动控制。前者利用专用运动控制芯片与 PC 总线组成简单的电路来实现，后者直接做成专用的运动控制卡。这两种形式的运动控制器内部都集成了机器人运动控制所需的许多功能，有专用的开发指令，所有的控制参数都可由程序设定，使机器人的控制变得简单、易实现。

　　运动控制器都从主机（PC）接收控制命令，从位置传感器接收位置信息，向伺服电动机功率驱动电路输出运动命令。对于伺服电动机位置闭环系统来说，运动控制器主要完成了位置环的作用，可称为数字伺服运动控制器，适用于包括机器人和数控机床在内的一切交、直流和步进电动机伺服控制系统。

　　专用运动控制器的使用使得原来由主机完成的大部分计算工作由运动控制器内的芯片来完成，使控制系统硬件设计简单，与主机之间的数据通信量减少，解决了通信中的瓶颈问题，提高了系统效率。

4.2　控制器

　　一般 DELTA 并联机器人控制系统的组成如图 4.5 所示，其中核心部件是控制器，它将图 4.1 中的上位计算机、运动控制器和驱动器等集成在同一个箱体中。

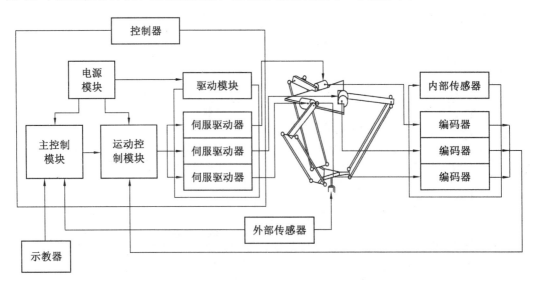

图 4.5　一般 DELTA 并联机器人控制系统的组成

4.2.1 基本组成

按功能作用的不同，控制器主要分为 6 个部分：**主控制模块、运动控制模块、驱动模块、通信模块、电源模块**和**辅助单元**。以 ABB IRC 5 标准型控制器为例，如图 4.6 所示，说明其组成部分及功能。

❋ 基本组成

主控制模块

电源模块

运动控制模块
（被蓝色线套遮挡）

驱动模块

图 4.6　ABB IRC 5 标准型控制器及其组成

1. 主控制模块

主控制模块包括微处理器及其外围电路、存储器、控制电路、I/O 接口、以太网接口等，如图 4.7 所示。它用于整体系统的控制、示教器的显示、操作键管理、插补运算等，进行相关数据处理与交换，实现对机器人各个关节的运动以及机器人与外界环境的信息交换，是整个机器人系统的纽带，协调着整个系统的运作。

2. 运动控制模块

运动控制模块又称**轴控制模块**，如图 4.8 所示，主要负责处理主控制模块和伺服反馈的数据，然后将处理后的数据传送给驱动模块，控制机器人的关节动作。运动控制模块是驱动模块的大脑。

图 4.7　主控制模块　　　　　　图 4.8　运动控制模块

3. 驱动模块

驱动模块主要指伺服驱动板，如图 4.9 所示，控制 6 个关节伺服电机，接收来自运动控制模块的控制指令，以驱动伺服电机，从而实现机器人各关节的动作。

4. 通信模块

通信模块的主要部分是 I/O 单元，如图 4.10 所示。它的作用是完成模块之间的信息交流或控制指令，如主控制模块与运动控制模块、运动控制模块与驱动模块、主控制模块与示教器、驱动模块与伺服电机之间的数据传输与交换等。

图 4.9　驱动模块　　　　　　　　图 4.10　I/O 单元

5. 电源模块

电源模块主要包括系统供电单元和电源分配单元两部分，如图 4.11 所示，其主要作用是将 220 V 交流电压转化成系统所需要的合适电压，并分配给各个模块。

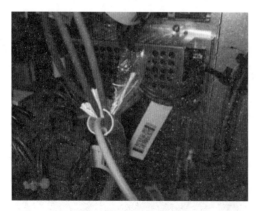

（a）系统供电单元　　　　　　　　（b）电源分配单元

图 4.11　电源模块

6. 辅助单元

辅助单元是指除了以上5个模块之外的辅助装置，包括散热的风扇和热交换器、存储电能的超大电容器、起安全保护的安全面板、操作控制面板等，如图4.12所示。

（a）安全面板　　　　　　　　　　　　　（b）电容

图4.12　辅助单元

各家工业机器人厂商的控制器基本组成是相似的，但有的将其中的两个或者多个模块集成在一起，比如YASKAWA的DX200控制器将运动控制模块和驱动模块集成在基本轴控制基板上，如图4.13所示；FANUC的R-30*i*B Mate控制器将主控制模块和运动控制模块集成在主板上，如图4.14所示。

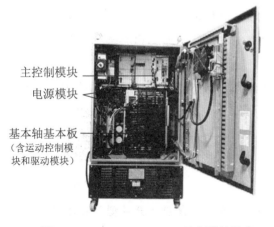

主控制模块

电源模块

基本轴基本板
（含运动控制模块和驱动模块）

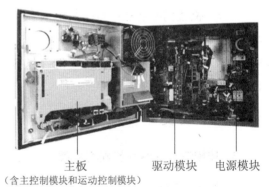

主板
（含主控制模块和运动控制模块）　　　驱动模块　　　电源模块

图4.13　YASKAWA DX200控制器的组成　　　图4.14　FANUC R-30*i*B Mate控制器的组成

4.2.2　工作原理及功能

以图4.5为例说明工业机器人控制器具体的工作过程。

主控制模块接收到操作人员从示教器输入的作业指令后，先解析指令，确定末端执行器的运动参数，然后进行运

※　工作原理及功能

动学、动力学和插补运算，最后得出机器人各个关节的协调运动参数。这些运动参数经过通信模块输出到运动控制模块，作为关节伺服驱动模块的给定信号。驱动模块中的关节伺服驱动器将此信号经 D-A 转换后，驱动各个关节伺服电机按一定要求转动，从而使各关节协调运动。同时内部传感器将各个关节的运动输出信号反馈给运动控制模块，形成局部闭环控制，使机器人末端执行器按作业任务要求在空间中实现精确运动。而此时的外部传感器将机器人外界环境参数变化反馈给主控制模块，形成全局闭环控制，使机器人按规定的要求完成作业任务。

在控制过程中，操作人员可直接监视机器人的运动状态，也可从示教器、显示屏等输出装置上得到机器人的有关运动信息。此时，控制器中的主控制模块完成人机对话、数学运算、通信和数据存储；运动控制模块完成伺服控制。而内部传感器完成自身关节运动状态的检测；外部传感器完成外界环境参数变化的检测。

控制器的基本功能如下：

（1）**记忆功能**：存储作业顺序、运动路径、运动方式、运动速度和与生产工艺有关的信息。

（2）**示教功能**：包括在线示教与离线编程。

（3）**与外围设备联系功能**：包括输入和输出接口、通信接口、网络接口和同步接口。

（4）**坐标设置功能**：包括关节、基、工具、用户自定义 4 种坐标系。

（5）**人机交互**：包括示教器、操作面板、显示屏和触摸屏等。

（6）**传感器接口**：包括位置检测、视觉、触觉和力觉等。

（7）**位置伺服功能**：包括机器人多轴联动、运动控制、速度和加速度控制、动态补偿等。

（8）**故障诊断与安全保护功能**：包括运行时系统状态监视、故障状态下的安全保护和故障自诊断。

4.2.3　分类

1. 按控制系统的开放程度分类

❋ 分类

依据控制系统的开放程度，机器人控制器分为 3 类：**封闭型**、**开放型**和**混合型**。目前基本上都是封闭型系统（如日系机器人）或混合型系统（如欧系机器人）。

2. 按控制方式分类

按控制方式的不同，机器人控制器可分为两类：**集中式控制器**和**分布式控制器**。

（1）集中式控制器。

利用一台计算机实现机器人系统的全部控制功能，早期的机器人（如 Hero-I、Robot-I 等）常采用这种结构，如图 4.15 所示。基于计算机的集中式控制器，充分利用了计算机资源开放性的特点，可以实现很好的开放性：多种控制卡、传感器设备等都可以通过标准 PCI 插槽或串口、并口集成到控制系统中。

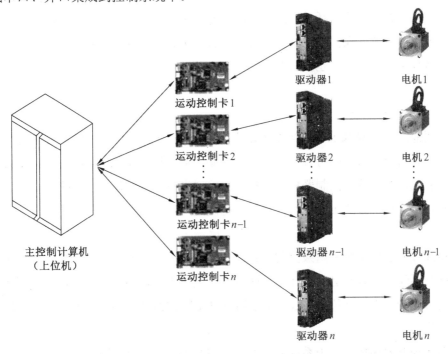

（a）使用单独运动控制卡驱动每一个机器人关节

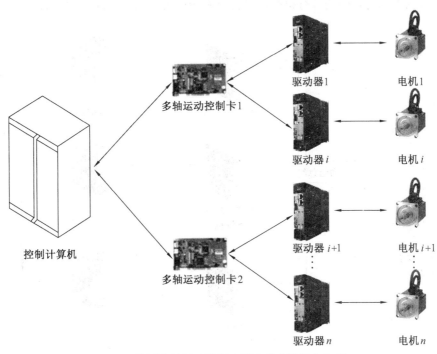

（b）使用多轴运动控制卡驱动多个机器人关节

图 4.15　集中式机器人控制器结构框图

优点：硬件成本较低，便于信息的采集和分析，易于实现系统的最优控制，整体性与协调性较好，基于 PC 的系统硬件扩展较为方便。

缺点：系统控制缺乏灵活性，控制危险容易集中，一旦出现故障，其影响面广，后果严重；由于工业机器人在实际运行中系统要进行大量数据计算，会降低系统的实时性，而且系统对多任务的响应能力也会与系统的实时性相冲突；另外，系统连线复杂，可靠性会有所降低。

（2）分布式控制器。

其主要思想为**"分散控制，集中管理"**，即系统对其总体目标和任务可以进行综合协调和分配，并通过子系统的协调工作来完成控制任务，整个系统在功能、逻辑和物理等方面都是分散的。子系统由控制器和不同被控对象或设备构成，各个子系统之间通过网络等进行相互通信。这种方式实时性好，易于实现高速、高精度控制，易于扩展，可实现智能控制。

分布式控制器中常采用两级控制方式，由上位机和下位机组成，如图 4.16 所示。上位机负责整个系统管理以及运动学计算、轨迹规划等，下位机由多 CPU 组成，每个 CPU 控制一个关节运动。上、下位机通过通信总线（如 RS-232、RS-485、以太网、USB 等）相互协调工作。

分布式控制器的优点在于系统灵活性好，控制系统的危险性降低，采用多处理器的分散控制，有利于系统功能的并行执行，可提高系统的处理效率，缩短响应时间。

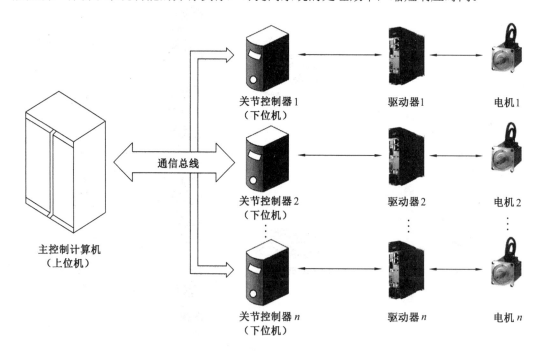

图 4.16　分布式机器人控制器结构框图

4.2.4　专用控制器

专用控制器是工业机器人行业各大厂商生产的控制器，其种类多样，外形与内部结构也有所不同。四大家族的最新控制器产品实物如图 4.17～4.20 所示。

※ 专用控制器

1. ABB 的 IRC 5C 紧凑型控制器

该控制器是 ABB 推出的第二代 IRC 5C 紧凑型工业机器人控制器，比常规尺寸的 IRC 5C 要小 87%，更容易集成，更节省宝贵空间，通用性也更强，同时丝毫不牺牲系统性能。其操作面板采用精简设计，改良了线缆接口，增强了使用的便利性和操作的直观性。例如：已预设所有信号的外部接口，并内置可扩展 16 路输入/16 路输出 I/O 系统。

IRC 5C 紧凑型控制器主要特点如下：

（1）安全至上。采用的电子限位开关和 SafeMove™ 均为新一代安全技术的典范，兼顾机器人单元的安全性与灵活性，增强了人机协作能力，确保操作者安全。

（2）高速精准。IRC 5C 配备以 TrueMove™ 和 QuickMove™ 为代表的运动控制技术，提高了 ABB 机器人路径精度和运动速度，缩短了节拍时间，大幅度提升了机器人执行任务的效率。

（3）适应性强。IRC 5C 兼容各种规格电源电压，广泛适应各类环境条件。该控制器还能以安全、透明的方式与其他生产设备互联互通，其 I/O 接口支持绝大部分主流工业网络，以传感器接口、远程访问接口及一系列可编程接口等形成强大的联网能力。

（4）性能可靠。IRC 5C 质量过硬，基本实现免维护，无故障运行时间远超同类产品。一旦发生意外停产，其内置的诊断功能有助于及时排除故障、恢复生产。

（5）远程服务。IRC 5C 还配备了远程监测技术，可迅速完成故障检测，并提供机器人状态终生实时监测，可显著提高生产效率。

尺寸（长×宽×高）	449 mm×442 mm×310 mm
质量	30 kg
电气连接	220 V/230 V，50～60 Hz
防护等级	IP 20

环境参数	温度	0 ℃～45 ℃
	相对湿度	最高 95%（无凝霜）

（a）实物图　　　　　　　　　　（b）主要性能参数

图 4.17　IRC 5C 紧凑型控制器

2. KUKA 的 KR C4 控制器

KUKA KR C4 控制器降低了集成、保养和维护方面的费用，同时还将持续提高系统的效率和灵活性。KR C4 在软件架构中集成了 Robot Control、PLC Control、Motion Control（例如 KUKA.CNC）和 Safety Control，所有控制系统都共享一个数据库和基础设施。KR C4 控制器具有如下特点：

（1）集成 4 个控制系统。KR C4 在机器人系统中首次以交互方式与 PLC、CNC 和 Safety 控制系统无缝相连。可以通过行指令进行方便和灵活的机器人编程和新的样条运动编程，并且实现智能、灵活和可扩展的特性。

（2）High-End PLC 支持。High-End SoftPLC 选项可以实现全面访问控制系统的整个 I/O 系统并具有很高的运行时间性能。它可以实现机器人、整个机器人工作单元或机器人生产线的 I/O 处理，此外还可以通过功能模块读取和处理轴位、速度等变量。

（3）提高 CNC 加工性能。其控制系统选项 KUKA.CNC 可以通过 G 码对 KUKA 机器人进行直接编程和操作，同时可处理 CAD/CAM 系统中最复杂的程序，并通过 CNC 轨迹规划提供最高的精度，因此将机器人集成到现有 CNC 环境中的过程变得特别简单。借助上游 CAD/CAM 系统中多个与机器人相关的功能，机器人可以直接参与加工流程。

（4）完整集成的安全控制系统。KR C4 将整个安全控制系统无缝集成到控制系统中，无需专属硬件，Safety 功能和安全通信可通过基于以太网的协议实现。该安全方案使用多核技术，因此可实现安全应用所要求的双通道。

（5）全局兼容。该控制器在各种电源电压和电网制式下都能可靠工作，如极冷、极热或极潮的情况，并可以理解 25 种语言，包括最重要的亚洲语言，符合全球所有重要的 ISO 标准及美国标准。

尺寸（长×宽×高）	960 mm×558 mm×792 mm
质量	150 kg
处理器	多核技术
硬盘	SSD
接口	USB 3.0、Gbe、DVI-I
轴数（最大）	9
电源频率	49～61 Hz
额定输入电压	AC3×208 V～3×575 V
防护等级	IP54
环境温度	+5 ℃～+45 ℃

（a）实物图　　　　　　　　　　　（b）主要性能参数

图 4.18　KUKA 的 KR C4 控制器

3. FANUC 的 R-30iB Mate 标准型控制器

集中了 FANUC 各种最先进技术的新一代机器人控制器——R-30iB Mate,具有以下特点:

（1）视觉功能。该控制器集成了视觉功能,将大量节约为实现柔性生产所需的周边设备成本。

（2）结构紧凑。FANUC 减小了控制器空间,为制造商节省了车间空间,允许制造商为多机器人设备堆叠控制器。

（3）功能强大。基于 FANUC 自身软件平台研发的各种功能强大的点焊、涂胶、搬运等专用软件,在使机器人的操作变得更加简单的同时,也使系统具有彻底免疫计算机病毒的功能。它还提供了硬件和最先进的网络通信、iRVision 集成和运动控制功能。

（4）安全节能。该控制器与外部电源开关之间需要较少的能源消耗以便节能;且具有冷却风扇自动停机功能,用以减少休眠期间的功率消耗,在机器人空闲时,制动控制功能通过自动制动电机减少功率,ROBOGUIDE 功率优化功能可为客户降低功率和优化节能。该控制器还有一个可选的节能设计,在制动期间可以恢复动能并返回至系统中,以便在接下来的周期内重新被使用。

而控制器节能的增加,反过来会降低能源成本,通过加强释放制动器、机器人运动优化和机器臂智能振动控制来减少周期时间,使得运动更平稳,从而提高客户的生产效率。

尺寸（长×宽×高）	470 mm×322 mm×400 mm
质量	40 kg
额定电源电压	AC200～230 V,50/60 Hz
防护等级	IP 54
外部记录装置	USB
通信功能	Ethernet、FL-net、DeviceNet、PROFIBUS 等

（a）实物图　　　　　　　　　　　　（b）主要性能参数

图 4.19　FANUC 的 R-30iB Mate 标准型控制器

4. YASKAWA 的 DX200 控制器

DX200 是 YASKAWA 的新一代机器人控制器,附加安装 BOX 后,可最多控制 72 轴（8 台机器人）,其离线编程软件 MotoSim 可用于生产工作站模拟,为机器人设定最佳位置,还可执行离线编程,避免发生代价高昂的生产中断或延误。

DX200 控制器具有如下特点：

（1）强化安全技能。通过双 CPU 构成的安全功能模块进行位置监控，可提升安全性；通过监视机器人和工具的位置，可控制机器人在最合适工具的范围内动作；在计算机器人的位置和速度时，如果超越限定范围，控制器会切断伺服电源，确保机器人停止动作。

（2）易用性强。可在示教器上，对 JOB 内的命令执行保护，如编辑或禁止编辑，并可轻松对 JOB 进行管理。

（3）节省空间。可在比机器人动作范围小的区域内设置安全围栏，大大地节省设备安装空间。在叠放 2 台控制器时，安装宽度可缩小约 30%。

（a）实物图

尺寸（长×宽×高）		600 mm×520 mm×930 mm
质量		100 kg 以下
周围温度	通电时	0 ℃～+45 ℃
	保管时	−10 ℃～+60 ℃
相对湿度		最大 90%（不结露）
电源规格		三相 AC380 V, 50 Hz（±2%）
位置控制方式		串行编码器
扩展插槽		PCI：2 个
控制方式		伺服软件
驱动单元		AC 伺服用伺服包
颜色		5Y7/1

（b）主要性能参数

图 4.20　YASKAWA 的 DX200 控制器

4.2.5　通用控制器

通用控制器是基于 PC 总线，利用高性能微处理器（如 DSP）及大规模可编程器件实现多个伺服电机的多轴协调控制的一种高性能步进/伺服电机运动控制卡，包括脉冲输出、脉

❋　通用控制器

冲计数、数字输入、数字输出、D/A 输出等功能，它可以发出连续的、高频率的脉冲串，通过改变发出脉冲的频率来控制电机的速度，改变发出脉冲的数量来控制电机的位置。全球主流的运动控制器生产厂商有美国 DELTA Tau 公司、美国 Galil 公司和英国 TIRO 公司等。

1. PMAC 运动控制器

PMAC（Programmable Multi-Axis Controller），是一种建立在平台上的可编程多轴运动控制器，是当今世界上功能最强、灵活性最大的运动控制器。它是由美国 DELTA Tau Data System 公司基于开放式体系结构的标准开发的，其基本数字控制功能主要有：运动和离散控制、内务处理、建立并实现与上位机通信等。PMAC 的 CPU 采用的是 Motorola 公司的 DSP56000 系列数字信号处理芯片，其采样带宽、运算速度和脉冲分辨率等性能较为突出。 PMAC 有着广泛的应用场合，如机器人、食品药品加工、机床上下料、包装过程、装配生产线、物料自动搬运等领域。PMAC 中 Clipper 运动控制器的结构如图 4.21 所示。

（a）板卡式　　　　　　　　　　　　（b）系统式

图 4.21　Clipper 运动控制器

2. TRIO 运动控制器

英国翠欧（TRIO）公司生产的多轴数字运动控制器融合了最新的控制理论及其网络控制技术。其产品分为总线式运动控制器、经济型板卡和独立式运动控制器系列，如图 4.22 所示。

其中采用"运动控制器+PC 解决方案"的 PC-MCAT 总线式运动控制器可控制轴数量达到 64 个。TRIO 提供多种总线形式的 I/O 及轴扩展模块，可以根据设备的需要进行选配。 采用专用的 TRIO BASIC Programming（类似于 BASIC 语言）运动控制编程，提供 ActiveX 软件可支持用户采用 C#、C++、VB 等高级语言针对设备的需要进行二次开发；另外，还提供 CAD 转化运动程序文件，可以根据用户所要加工工件的图纸（二维）转化成 TRIO 控制器的运动控制程序。

（a）总线式运动控制器　　　　（b）经济型板卡　　　　（c）独立式运动控制器

图 4.22　TRIO 运动控制器

3. GALIL 运动控制器

美国 GALIL 公司的运动控制产品迄今已发展到第 4 代，采用 32 bit 最新微处理器技术，融和最新控制理论及网络技术，产品涵盖 PC/104、ISA、PCI、VME 总线板级产品及具有 RS232C、USB 及 Ethernet 通信功能的独立型控制器，1～8 轴任意选用，全部产品均可控制伺服电机或步进电机，独特的 2 字符命令及 WSDK 开发调试、ActiveX 等软件工具使得系统设置、调试、应用开发简单而快捷，其结构如图 4.23 所示。

（a）板卡式　　　　　　　　　　　　（b）系统式

图 4.23　GALIL 运动控制器

4.3　伺服系统

伺服系统是以控制器为核心，电动机为控制对象，在自动控制理论的指导下组成的电气传动自动控制系统。这类系统控制电动机的转矩、转速和转角，将电能转换为机械能，实现机械的运动要求。机器人伺服系统的核心部件有伺服电机和伺服驱动器。

❋ 伺服系统

4.3.1　伺服电动机

伺服电动机是在伺服控制系统中控制机械元件运转的发动机，它可以将电压信号转化为转矩和转速以驱动控制对象。

在工业机器人系统中，伺服电动机用作执行元件，把所收到的电信号转换成电动机轴上的角位移或角速度输出，它分为直流伺服电动机和交流伺服电动机两大类。

目前大部分工业机器人操作机的每一个关节均采用一个交流伺服电动机驱动，本书若无特别指出，伺服电动机一般指交流伺服电动机。

1. 基本结构

目前，工业机器人采用的伺服电动机一般为同步型交流伺服电动机，其电动机本体为永磁同步电动机（Permanent Magnet Synchronous Motor，PMSM）。

永磁同步电动机由定子和转子两部分构成，如图 4.24 所示。定子主要包括电枢铁心和三相（或多相）对称电枢绕组，绕组嵌放在铁心的槽中；转子由永磁体、导磁轭和转轴构成。永磁体贴在导磁轭上，导磁轭为圆筒型，套在转轴上；当转子的直径较小时，可以直接把永磁体贴在导磁轴上。转子同轴连接有位置、速度传感器，用于检测转子磁极相对于定子绕组的相对位置以及转子转速。

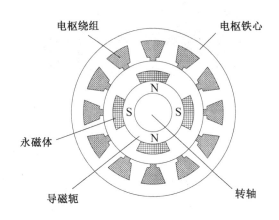

图 4.24　同步型交流伺服电动机

2. 工作原理

当永磁同步电动机的电枢绕组中通过对称的三相电流时，定子将产生一个以同步转速推移的旋转磁场。在稳态情况下，转子的转速恒为磁场的同步转速。于是，定子旋转磁场与转子的永磁体产生的主极磁场保持静止，它们之间相互作用，产生电磁转矩，拖动转子旋转，进行电机能量转换。当负载发生变化时，转子的瞬时转速就会发生变化，这时如果通过检测传感器检测转子的速度和位置，根据转子永磁体磁场的位置，利用逆变器控制定子绕组中的电流大小、相位和频率，便会产生连续的转矩作用在转子上，这就是闭环控制的永磁同步电动机工作原理。

根据电动机具体结构、驱动电流波形和控制方式的不同，永磁同步电动机分为两种驱动模式：一种是方波电流驱动的永磁同步电动机；另外一种是正弦波电流驱动的永磁同步电动机。前者又称为无刷直流电动机，后者又称为永磁同步交流伺服电动机。

3. 特点

交流伺服电动机具有转动惯量小，动态响应好，能在较宽的速度范围内保持理想的转矩，结构简单，运行可靠等优点。一般同样体积下，交流电动机的输出功率可比直流电动机高出 10%～70%，且交流电动机的容量比直流电动机的大，可达到更高的转速和电压。目前，在机器人系统中 90%的系统采用交流伺服电动机。

4.3.2　伺服驱动器

伺服驱动器又称伺服控制器、伺服放大器，是用来控制伺服电动机的一种控制器，如图 4.25 所示。

图 4.25　伺服电动机与伺服驱动器

伺服驱动器作为一种标准商品，已经得到了广泛应用。目前，生产各种伺服电动机和配套伺服驱动器的公司有很多，如德国的力士乐、西门子，日本的三菱、安川、松下、欧姆龙、富士，韩国的 LG 等。由于伺服驱动器是与伺服电动机配套使用的，因此在选型时要注意驱动器自身的规格、型号与工作电压是否与所选的电动机型号、工作压力、额定功率、额定转速和编码器规格相匹配。

伺服驱动器一般是通过**位置**、**速度**和**转矩**三种方式对伺服电动机进行控制，实现高精度的传动系统定位。

➤ **位置控制**　一般是通过输入脉冲的个数来确定转动的角度。
➤ **速度控制**　通过外部模拟量（电压）的输入或脉冲的频率来控制转速。
➤ **转矩控制**　通过模拟量（电压）的输入或直接的地址赋值来控制输出转矩的大小。

而伺服驱动器和伺服电机的控制及应用需要参考该品牌的相关技术手册。

4.4　传感器

传感器是一种以一定精度将被测量（如位移、力、速度等）转换为与之有确定对应关系、易于精确处理和测量的某种物理量（如电信号）的检测部件或装置。

传感器是机器人获取信息的窗口，相当于人类的五官。它既能把非电量变换为电量，也能实现电量之间或非电量之间的相互转换。

传感器一般由敏感元件、转换元件和信号调理电路三部分组成。

敏感元件能直接感受或响应测量，功能是将某种不便测量的物理量转换成易于测量的物理量；转换元件能将敏感元件感受或响应的测量转换为适于传输或测量的电信号；敏感元件和转换元件一起构成传感器的结构部分，而信号调理电路是将转换元件输出的易测量的小信号进行处理变换，使传感器的信号输出符合具体系统的要求。

传感器一般分为两大类：**内部传感器**和**外部传感器**。

内部传感器是检测工业机器人各部分内部状态的传感器；外部传感器是用于检测对象情况及机器人与外界的关系，从而使机器人动作能适应外界状况。

4.4.1 内部传感器

内部传感器是用来确定机器人在其自身坐标系内的姿态位置，如位移传感器、速度传感器和力觉传感器等。

※ 内部传感器

1. 位移传感器

常用的位移传感器有两种：**电位计**和**编码器**。

➢ **电位计**　电位计是典型的接触式位移传感器，它由一个绕线电阻（或薄膜电阻）和一个滑动触头组成，其中滑动触头通过机械装置受被检测量的控制。当被检测的位置量发生变化时，滑动触头也发生位移，从而改变滑动触头与电位计各端之间的电阻值和输出电压值，根据此电压值的变化，可以检测出机器人各关节的位置和位移量。

常用的电位计有两种：直线式电位计和旋转电位计。前者用于检测直线移动，后者用于检测角位移。

➢ **编码器**　编码器是一种应用广泛的位移传感器，其分辨率完全能满足机器人的技术要求，如图 4.26 所示。

编码器的分类如下：

（1）光电式、接触式、电磁式编码器。

按照检测方法、结构及信号转化方式的不同，编码器可分为**光电式**、**接触式**和**电磁式**等。目前较为常用的是光电式编码器。

图 4.26　编码器

（2）直线编码器和旋转编码器。

目前工业机器人中应用最多的是**旋转编码器**（又称回转编码器），**一般是装在机器人各关节的伺服电动机内**，用来测量各关节转轴转过的角位移。它把连续输入的轴的旋转角度同时进行离散化（样本化）和量化处理后予以输出。

如果不用圆形转盘（码盘）而是采用一个轴向移动的板状编码器，则称为**直线编码器**，用于测量直线位移。

本书若无特别指出，编码器通常指旋转编码器。

（3）绝对式编码器和增量式编码器。

按照测量的信号形式，编码器可分为**绝对式**编码器和**增量式**编码器两类。

目前已出现混合式编码器，使用这种编码器时，用绝对式编码器确定初始位置；在确定由初始位置开始的变动角的精确位置时，则采用增量式编码器。

① 绝对式光电编码器。

绝对式光电编码器是一种直接编码式的测量元件，它可以直接把被测转角或位移转化成相应的代码，指示的是绝对位置而无绝对误差。

a. 基本组成。

绝对式光电编码器通常由 3 个主要元件构成：**多路光源、光敏元件**和**光电码盘**，如图4.27 所示。

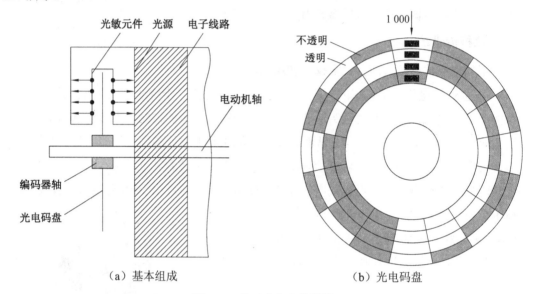

图 4.27 绝对式光电编码器

多路光源是一个由 n 个 LED 组成的线性阵列，其发射的光与光电码盘垂直，并由光电码盘反面对应的 2 个光敏晶体管构成的线性阵列接收；光电码盘上设置 n 条同心圆环带（又称码道），并将圆盘分成若干等分的径向扇形面，以一定的编码形式（如二进制编码等）将环带刻成透明和不透明的区域。

b. 工作原理。

当光线透过光电码盘的透明区域时，使光敏元件导通，产生低电平信号，代表二进制的 "0"；不透明的区域代表二进制的 "1"。当某一个径向扇形面处于光源和光传感器的位置时，光敏元件即接收到相应的光信号，相应地得出码盘所处的角度位置。4 码道 16 扇形面的纯二进制码盘如图 4.27 所示，该盘的分辨率为 $360°/2^4 = 22.5°$，图中所示的二进制编码为 1 000，即十进制的 8。绝对式编码器对于转轴的每一个位置均产生唯一的二进制编码，因此通过读出光电编码器的输出，可知道光电码盘的绝对位置。

c. 特点。

当系统电源中断时，绝对式编码器会记录发生中断的地点，当电源恢复时把记录情况通知系统，不会失去位置信息，即使机器人的电源中断导致旋转部件的位置移动，校准仍保持。

② 增量式光电编码器。

增量式光电编码器的码盘有 3 个同心光栅环带，分别称为 A 相、B 相和 C 相光栅，如图 4.28 中（a）所示。A 相光栅与 B 相光栅分别间隔有相等的透明或不透明区域用于透光和遮光，A 相和 B 相在码盘上相互错开半个区域。

当码盘以图示顺时针方向旋转时，A 相光栅先于 B 相透光导通，A 相和 B 相光敏元件接受时断时续的光。A 相超前 B 相 90°的相位角（1/4 周期），产生了近似正弦的信号，如图 4.28 中（b）所示。这些信号放大整形后成为脉冲数字信号。

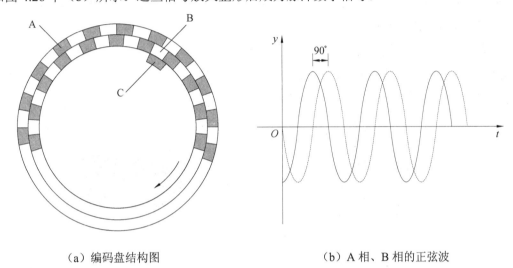

（a）编码盘结构图   （b）A 相、B 相的正弦波

图 4.28   增量式光电编码器

根据 A、B 相任何一光栅输出脉冲数的大小就可以确定码盘的相对转角；根据输出脉冲的频率可以确定码盘的转速；采用适当的逻辑电路，根据 A、B 相输出脉冲的相序就可以确定码盘的旋转方向。A、B 两相光栅为工作信号，C 相为标志信号，码盘每旋转一周，标志信号发出一个脉冲，它用来作为同步信号。

在机器人的关节转轴上装有增量式光电编码器，可测量出转轴的相对位置，但不能确定机器人转轴的绝对位置，所以这种光电编码器一般用于喷涂、搬运及码垛机器人等。

2. 速度传感器

速度传感器用于测量平移和旋转运动的速度。由于在工业机器人中主要测量关节的运行速度，本节仅介绍角速度传感器。

目前广泛使用的角速度传感器有两种：**测速发电机和增量式光电编码器。**

➢ **测速发电机**

测速发电机是一种利用发电机原理的模拟式速度传感器，如图 4.29 所示。测速发电机按其结构分为直流测速发电机和交流测速发电机。

测速发电机的作用是将机械速度转换为电气信号，将其转子与机器人关节伺服电动机相连，这样就能测量机器人运动过程中的关节转动速度。

> **增量式光电编码器**

增量式光电编码器介绍同前。

3. 力觉传感器

力觉传感器是用来检测机器人自身力与外部环境力之间相互作用力的传感器，如图 4.30 所示。工业机器人在进行装配、搬运等作业时需要对工作力或力矩进行控制，例如，装配时需完成将轴类零件插入孔里、调准零件的位置、拧紧螺钉等一系列步骤，在拧紧螺钉过程中需要有确定的拧紧力矩。

力觉传感器经常装于机器人关节处，通过检测弹性体变形来间接测量所受力。目前使用最广泛的是六维力觉传感器，它能同时获取三维空间的三维力和力矩信息，广泛应用于力/位置控制、轴孔配合、轮廓跟踪和双机器人协调等机器人控制领域。

图 4.29　测速发电机　　　　　　　　图 4.30　力觉传感器

4.4.2　外部传感器

外部传感器是用于机器人本身相对其周围环境的定位，检测机器人所处环境及目标状况，如是什么物体、离物体的距离有多远、碰撞检测等，从而使得机器人能够与环境发生交互作用并对环境具有自我校正和适应的能力。

✱ 外部传感器

机器人的外部传感器有**触觉传感器、听觉传感器**和**视觉传感器**等，见表 4.1。

表 4.1　外部传感器

名称	实物图
触觉传感器	
听觉传感器	

续表 4.1

名称	实物图
视觉传感器	

1. 触觉传感器

机器人触觉的原型是模仿人的触觉功能，是有关机器人和物体之间直接接触的感觉。机器人通过触觉传感器与被识别物体相接触或相互作用，实现对物体表面特征和物理性能的感知。

机器人触觉的主要功能有：

（1）检测功能：对操作物进行物理性质检测，如粗糙度、硬度等。

（2）识别功能：识别对象物体的形状和特征。

机器人触觉传感器一般包括检测、感知和外部直接接触而产生的接触觉、接近觉、压觉和滑觉等。

➤ **接触觉传感器**　是用于判断机器人是否接触到外界物体或测量被接触物体特征的传感器。它一般安装在机器人的运动部件或末端执行器上，用来判断机器人部件是否和对象发生了接触。接触觉是通过与物体接触而产生的，所以最好采用多个接触传感器组成的触觉传感器阵列，通过对阵列式触觉传感器信号的处理，达到对接触物体的最佳辨识。

机器人接触觉传感器主要作用有：感知手指与物体间的作用力，确保手指动作力度适当；识别物体的大小、形状、质量及硬度等；保障安全，防止机器人碰撞障碍物。

➤ **接近觉传感器**　是机器人用来探测其自身与周围物体之间相对位置或距离的一种传感器，可以检测物体表面的距离、斜度和表面状态等。接近觉传感器主要感知传感器与物体之间的接近程度，用于粗略的距离检测。传感器距离物体越近，定位越精确。接近觉传感器属于非接触性传感器，可用以感知对象位置。

接近觉传感器在机器人中主要有两个用途：避障和防止冲击。比如绕开障碍物和抓取物体时实现柔性接触。

➤ **压觉传感器**　通常安装在机器人的手爪上，是一种可以在把持物体时检测到物体同手爪间产生的压力以及其分布情况的传感器。检测这些量最有效的检测方法是使用压电元件组成的压电传感器。

目前的压觉传感器主要是分布式压觉传感器，即通过把分散的敏感元件排列成矩阵式单元来设计。

> **滑觉传感器**　是检测垂直加压方向的力和位移的传感器。它可以检测垂直于握持方向物体的位移、旋转以及由重力引起的变形，用来检测机器人与抓握对象间滑移的程度，以达到修正受力值、防止滑动、进行多层次作业及测量物体重量和表面特性等目的。

滑觉传感器一般用于机器人的软抓取，末端执行器夹持力保持在能抓稳工件的最小值，防止夹持力过大而损坏工件，避免夹持力过小而导致工件滑落，这就要求检测抓取物的滑动与否，以确定最适当的握力大小来抓住物体。

2. 听觉传感器

听觉传感器主要用于感受和解释在气体（非接触式感受）、液体或固体（接触式感受）中的声波，其复杂程度可从简单的声波存在检测到复杂的声波频率分析和对连续自然语言中单独语音和词汇的辨识。

在工业环境中，机器人对人发出的各种声音进行检测，执行向其发出的命令。如果是在危险时发出的声音，机器人还必须对此产生回避的行动。机器人听觉系统中的听觉传感器基本形态与麦克风相同，这方面的技术目前已经非常成熟。过去使用基于各种原理的麦克风，现在则已经变成了小型、廉价且具有高性能的驻极体电容传声器。

3. 视觉传感器

视觉传感器是利用光学元件和成像装置获取外部环境图像信息的仪器，是整个机器人视觉系统信息的直接来源，主要由一个或者两个图像传感器组成，有时还要配以光投射器及其他辅助设备。它的主要功能是获取足够的机器人视觉系统要处理的最原始图像。

图像传感器可以使用激光扫描器、线阵和面阵 CCD 摄像机或者 TV 摄像机，也可以是最新出现的数字摄像机和 CMOS 图像传感器等。

视觉传感器的性能通常是用图像分辨率来描述的，其精度不仅与分辨率有关，而且同被测物体的检测距离相关。被测物体距离越远，其绝对的位置精度越差。

第一代的工业机器人绝大部分都没有外部传感器。但是，对于新一代工业机器人，则要求具有自校正能力和反映环境不断变化的能力。现在已有越来越多的新型工业机器人具备各种外部传感器。

 思考题

1. 一般工业机器人控制系统基本结构的构成方案有哪几种？
2. 工业机器人控制器的作用是什么？
3. 工业机器人控制器由哪几个部分组成？
4. 四大家族最新的控制器型号是什么？
5. 工业机器人控制器的基本功能有哪些？

6. 工业机器人控制器分为哪几类？

7. 简述工业机器人控制器的工作过程。

8. 说明交流伺服电动机的工作原理。

9. 编码器可以分成哪几类？

10. 分别说明绝对式和增量式光电编码器的工作原理。

第5章 DELTA 并联机器人机械设计

并联机器人的结构相对于串联机器人显得简单，但是合理的机构对并联机器人的精度、寿命等都有着重要的影响。本章以三自由度并联机器人为例，介绍 DELTA 并联机器人的设计思路。

5.1 DELTA 并联机器人参数确定

与所有并联机器人一样，本书设计的三自由度 DELTA 并联机器人由静平台、动平台、主动臂和从动臂组成。从动臂采用平行四边形机构，保证输出端和输入端运动相同，三个这样的平行四边形机构约束了动平台的自由度，使得动平台只保留三个纯平动自由度。

5.1.1 坐标系确定

机器人坐标系是机器人运动学分析与求解、空间坐标变换的关键，需要在设计之初进行确定。DELTA 并联机器人的三维模型如图 5.1 所示。

❋ 坐标系确定

基坐标系 O-XYZ（即静坐标系）的定义：将并联配置的三个驱动电机输出轴所在平面记为平面 1，原点定义在该平面与 3 个主动臂的交点（记为 B_1、B_2、B_3）所形成的等边三角形几何中心处，Z 轴垂直于平面 1 竖直向上，Y 轴方向由第三交点（B_3 点）指向原点，X 轴由右手规则确定，如图 5.1 所示。

根据 DELTA 并联机器人运动学原理，可以将该机器人机构简化为图 5.2。其中 $B_1B_2B_3$ 为机器人静平台；$P_1P_2P_3$ 为机器人动平台，其动坐标系为 O'-$X'Y'Z'$（建立方法参考 3.1.2 节）。B_1E_1、B_2E_2、B_3E_3 为 3 个主动臂，其一端连接在静平台上，另一端连接 P_1E_1、P_2E_2、P_3E_3 三个平行四边形传动副，传动副另一端连接在动平台上，以驱动动平台运动。

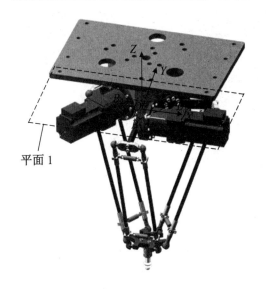

平面 1

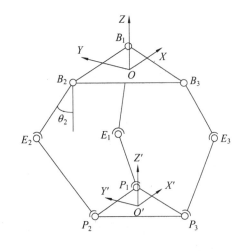

图 5.1　DELTA 并联机器人模型与基坐标系　　　图 5.2　DELTA 并联机器人机构简图

5.1.2　杆长参数确定

根据并联机器人运动学原理，DELTA 并联机器人的基本
参数见表 5.1。

✳ 杆长参数确定

表 5.1　结构参数数据

结构参数	数值	单位	含　义
R	60	mm	静平台各顶点到静坐标系原点 O 的长度
r	35	mm	动平台各顶点到动坐标系原点 O' 的长度
L_a	350	mm	从动臂长度
L_b	100	mm	主动臂长度

5.1.3　关节参数确定

铰链是并联机器人动、静平台的关键连接部件，最常见
的有虎克铰、万向节、球铰链和关节轴承。

✳ 关节参数确定

（1）虎克铰。

虎克铰作为一种能够提供两个自由度的铰链机构，在各种机构形式的并联机器人中得
到了广泛的应用。虎克铰的结构如图 5.3 所示，中间用十字轴连接，主要用来表示节点连
接的两杆件在立体空间内的运动，实现二者空间夹角的变化，类似机械设计中连杆在一个
平面内的转动，但它是空间内的。通常，虎克铰提供两个回转自由度，相当于轴线相交的
两个转动副。

图 5.3　虎克铰

（2）万向节。

万向节是实现变角度动力传递的连接件，用于改变传动轴线的方向。它在结构上与虎克铰很接近，如图 5.4 所示，除了可实现虎克铰的功能外，更主要的是在成夹角布置的轴系间传递转动，通常相互连接的两连杆端部都有十字轴，相对方位为 90°，能够使杆件转向任意方向。万向节也能够提供两个回转自由度。

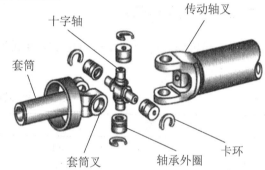

图 5.4　万向节

（3）球铰链。

球铰链是用于自动控制中执行器与调节机构的连接附件，它采用了球型轴承结构控制灵活、准确、扭转角度大的优点。由于该铰链安装、调整方便、安全可靠，所以，它广泛地应用在电力、石油化工、冶金、矿山、轻纺等工业的自动控制系统中。

球铰链由内球头、球头杆、球铰套等部件构成，如图 5.5 所示。内球头与球铰套之间形成一个球窝，球头嵌在球铰套里面，可以在一定的角度范围内实现 3 个自由度的回转。球铰链的转动角度一般较小。

（4）关节轴承。

关节轴承又称鱼眼接头，是自润滑杆端关节轴承，其作用是连接两个中心线相交的杆件，其中"鱼眼"里安装的那个轴可以绕中心线旋转一定角度。

图 5.5　球铰链

关节轴承是一种球面滑动轴承，主要是由一个外球面的内圈和一个内球面的外圈组成，如图 5.6 所示，运动时可以任意角度旋转摆动。因为关节轴承的球形滑动接触面积大，倾斜角大，同时还因为大多数关节轴承采取了特殊的工艺处理方法，如表面磷化、镀锌、镀铬或外滑动面衬里、镶垫、喷涂等，因此有较大的载荷能力和抗冲击能力，并具有抗腐蚀、耐磨损、自调心、润滑好或自润滑无润滑污物污染的特点，即使安装错位也能正常工作。因此，关节轴承广泛应用于速度较低的摆动运动、倾斜运动和旋转运动。

图 5.6 关节轴承

Clavel 博士设计的 DELTA 并联机器人，从动臂两端是使用虎克铰（十字万向联轴节）连接的，在实际生产中出于美观或其他工作条件的需求，常用球铰代替虎克铰。两端各增加一个拉紧弹簧，有助于保持同组从动臂平行，且方便拆卸，但也有些样机没有增加弹簧组件。

目前，大多数 DELTA 机构的主动臂与从动臂的链接方式为球铰链的链接，例如 ABB IRB360 型并联机器人和 Adept Hornet 565 型并联机器人，其连接结构如图 5.7 所示，FANUC M-1iA/0.5S 型号并联机器人采用鱼眼轴承，如图 5.8 所示。由于球铰链选用了球形轴承结构，能灵活地承受来自各异面的压力，并且可控性好，结构简单，易于装配，具有很好的可维护性，关节转角为 120°，因此本书选用球铰链设计。

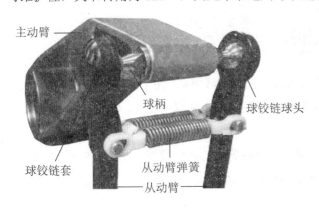
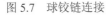

主动臂
球柄
球铰链球头
球铰链套
从动臂弹簧
从动臂

图 5.7 球铰链连接

图 5.8 鱼眼轴承连接

5.1.4 传动参数确定

电机输出转速较高，一般不能直接接到主动臂上，需要减速机构来降速，同时也可以提高转矩。减速装置的形式多种多样，选择一种合适的减速装置对机器人的性能有着相当重要的作用。

※ 传动参数确定

机器人中的机械传动形式有多种，主要分为：链条传动、带传动、蜗杆传动和齿轮传动。

（1）链条传动　其优点是：工况相同时，传动尺寸紧凑；没有滑动；不需要很大的张紧力，作用在轴上的载荷小；效率高；能在恶劣的环境中使用。其缺点是：瞬时速度不均匀，高速运转时传动不平稳；不易在载荷变化大和急促反向的传动中使用；工作噪音大。

（2）带传动　其优点是：能缓和冲击；运行平稳无噪音；制造和安装精度要求低；过载时能打滑，防止其他零件的损坏。其缺点是：轴上载荷大；寿命低；有弹性滑动和打滑，效率低不能保证准确的传动比。

（3）蜗杆传动　其优点是：结构紧凑；工作平稳；无噪声；冲击震动小；能得到很大的单级传动比。其缺点是：传动比相同下效率比齿轮低；需要用贵重的减磨材料制造。

（4）齿轮传动　其优点是：工作可靠，使用寿命长；易于维护；瞬时传动比为常数；传动效率高；结构紧凑；功率和速度使用范围很广。其缺点是：制造复杂，成本高；不宜用于轴间距的传动。

比较以上传动形式，结合设计机器人中要求的输出转矩大、传动效率高、噪音小、结构紧凑等条件，因此采取两级减速器。

由计算可知，对于轴 1、2、3，若采用 200 W 的电机和二级减速器，则减速比为 10:1。

5.2　DELTA 并联机器人机械设计

综合考虑并联机器人的构型，在驱动方式上选择旋转驱动，便于获取较高的运动速度；在关节形式上，选择球关节，以保证运行的平稳性；3 个并联的支链，自身能够耦合出 3 个平动的自由度。

按照上述结构形式，利用三维软件建立并联机器人的几何模型，如图 5.9 所示。机器人由静平台、动平台、三组机械手臂（主动臂和从动臂）、驱动电机、减速器和支撑板等组成。

其中，主动臂和固定在静平台上的旋转驱动机构连接；从动臂是由 1 对连杆和 4 个球关节组成的平行四边形结构，一端与主动臂连接，另一端和动平台连接。采用三臂对称结构，每个臂为串并混联分支；3 个伺服电机和减速器安装在静平台上，主要质量和惯性集中在上部，末端执行器由 6 杆相连，惯性小、速度快、效率高。此机构末端执行器只有平动自由度，没有旋转自由度。

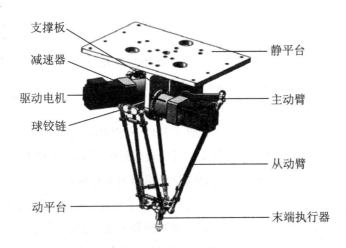

图 5.9　DELTA 并联机器人结构组成

5.2.1　静平台设计

❋　静平台设计

静平台主要是固定支撑整个机器人，通常采用吊顶安装，其结构设计如图 5.10 所示。

在本设计中，静平台设计成长方形实心板，形状简单，加工制造方便，且能够实现静平台对强度的要求。整个固定板采用对称形式布置，有利于载荷分布，提高安装强度。其中，特征 1 是用于静平台与电机固定板连接的螺纹孔，4 个螺纹孔一组呈三角对称分布；特征 2 是工艺孔，用于静平台其他安装孔位的定位，设置在静平台的几何中心；特征 3 是走线孔，用于电气线路和气路的布线，3 个孔位在圆周上均匀分布；特征 4 是用于静平台与机架连接的安装孔，共 8 个，分布在静平台的两端。

驱动电机采用悬挂方式，要求支撑板与静平台要有较大的接触面积，因此设计了 L 形支撑板，如图 5.11 所示。上表面设计的足够平整，有助于接触的稳定，增加链接的刚度。由于 L 形支撑板转折处过于窄小，容易产生应力集中，因此在转折处设计了加强筋，这样就增加了转折处的强度，增强了支撑板的稳定性。另外，在支撑板一侧设计了机械限位挡块安装孔，用来控制主动臂的摆动角度。

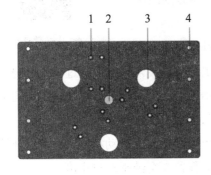

图 5.10　静平台

图 5.11　L 形支撑板

5.2.2　主动臂设计

＊主动臂设计

由于主动臂在并联机器人中起承上启下的桥梁作用，所以它的设计属于关键零件的设计范围。它主要的作用包括：通过与减速机配合传递扭矩及与从动臂连接。

主动臂的设计是既可以实现对主动臂及其以下部件的支撑，又可以实现电机的转矩传动。因此，既要保证构件的刚度，也要实现质量较轻的目的，这样在高速运转中，不会因为较大的质量而产生过大的惯性力，导致整个机器的不稳定性。

因此，主动臂设计成如图 5.12 所示的结构。为了避免主动臂与减速机配合中产生偏心，在主动臂上设计了轴毂配合凹槽，从而在能够顺利安装的前提下保证与减速机的同心度。传递扭矩螺纹孔采用圆周均匀分布，能够防止主动臂与减速机发生周向的错位，有利于传递较大的转矩，这样能有效防止运行过程中出现坐标丢失的情况。

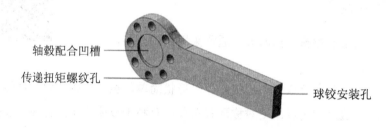

轴毂配合凹槽

传递扭矩螺纹孔

球铰安装孔

图 5.12　主动臂

由于主动臂在工作中所承担的力并不是一样的，每一部分的作用也不是一致的，因此在设计中没有采用直通的圆柱形，而是将主动臂设计成前大后小的弧形结构，使较大的一端承担电动机转矩和更大的支撑力，而较小的一端与从动臂连接，承担较小的惯性力。此设计能够在保证主动臂强度的前提下，最大幅度地降低主动臂的质量和旋转惯量，使其能够在运行过程中拥有更高的灵活性。

5.2.3　从动臂设计

＊从动臂设计

并联机器人的从动臂由于受力较小，可以采用较细的圆柱形结构，如图 5.13 所示。

根据并联机器人的典型结构，设计从动臂组件如图 5.14 所示。从动臂为连杆机构，一端通过球铰链与主动臂连接，另一端通过球铰链与动平台连接。为使动平台在空间中始终保持平动，将从动臂设计为平行四边形结构。在同组的两杆件两端各增加一个拉紧弹簧，有助于保持同组从动臂平行，且方便拆卸。

平行四边形机构的巧妙之处是能够保证输出端和输入端运动相同，3 个这样的平行四边形机构约束了动平台的自由度，使得动平台只保留 3 个纯平动自由度。

图 5.13　从动臂　　　　　　　　　　　图 5.14　从动臂组件

5.2.4　动平台设计

动平台是连接连杆和末端执行器的部分，其作用是支撑末端执行器，并改变其姿态。动平台的设计如图 5.15 所示。

※　动平台设计

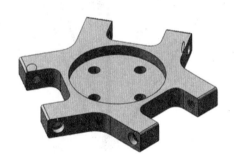

图 5.15　动平台

在本设计中，动平台设计成类似扇形的结构，形状比较美观，而且可以节省材料。不设计成实心板，可避免过于浪费材料和显得过于笨重，且不易加工。该结构能够减轻动平台的质量，从而增加整个系统的负载能力。

5.3　典型 DELTA 并联机器人

5.3.1　ABB IRB 360 机器人

IRB 360 机器人 ABB 推出的第二代 DELTA 并联机器人，能够实现高精度拾放作业，机身采用不锈钢设计，易于清洁

※　典型 DELTA 并联机器人

和消毒。该产品占地面积仅 800 mm×800 mm，能轻松集成到机械设备及生产线中。采用高可靠性的 IRC 5 紧凑型控制器，配备有 TrueMove 和 QuickMove 功能，确保运行速度和路径精度均达到最佳，可实现机器人对快速传送带的高精度跟踪。

ABB IRB 360 机器人的特点如下：

（1）速度快，柔性强，负载大，占地面积小；

（2）采用可冲洗的卫生设计；

（3）出众的跟踪性能；

（4）集成视觉软件；

（5）同步传动带集成控制。

ABB IRB 360 机器人有多款机型，控制轴数有 3 轴和 4 轴，其中 IRB 360-8/1130 机器人具有 4 个自由度，主要由静平台、动平台、3 根主动杆和 3 组平行四边形从动臂组成，如图 5.16 所示。

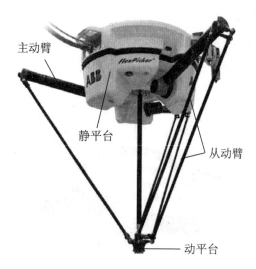

图 5.16　ABB IRB 360-8/1130 机器人

从图中可以看出，静平台的 3 组驱动单元通过 3 条相同的运动链分别与运动平台的 3 条边铰接。每条运动链中有 1 个由 4 个球铰与杆件组成的平行四边形闭环，此闭环再与 1 个带转动关节的主动臂相串联，主动臂的一端固定在静平台上，在电动机的驱动下做一定角度的摆动，经过机械传动控制动平台的运动。这 3 条运动链决定了运动平台的运动特性，运动平台不能绕任何轴线旋转，但可以在直角坐标空间沿 X、Y、Z 三个方向平移运动，到达机械结构运动空间范围内的任意坐标点。机器人第 4 轴的旋转自由度是采用中间伸缩连杆的方式实现的。驱动电机安装在固定平台上，通过使中间伸缩杆旋转间接带动机器人末端执行器旋转。所以，IRB 360-8/1130 机器人具有 4 个自由度。

IRB 360 机器人的主要技术参数见表 5.2。

表 5.2　IRB 360-8/1130 机器人的主要技术参数

规格			特性	
型号	负载能力	轴数	集成信号源	12 极，50 V，250 mA
			集成真空源	最高 7 bar/最大真空 0.75 bar
IRB 360-8/1130	8 kg	4	重复定位精度	±0.1 mm
附加负载	上臂	350 g	机器人安装	倒置式
	下臂	350 g	质量	120 kg（标准型）/145 kg（不锈钢）
工作范围	直径	565 mm	控制器	IRC 5 紧凑型
	高	350 mm	性能	
最大速度		10 m/s	1 kg 拾料节拍	
最大加速度		100 m/s²	25 mm×305 mm×25 mm	0.38 s

　　IRB 360-8/1130 机器人的工作空间为圆柱体，范围为 Φ1 130 mm×350 mm，如图 2.16 所示。其结构参数如图 5.17 所示。

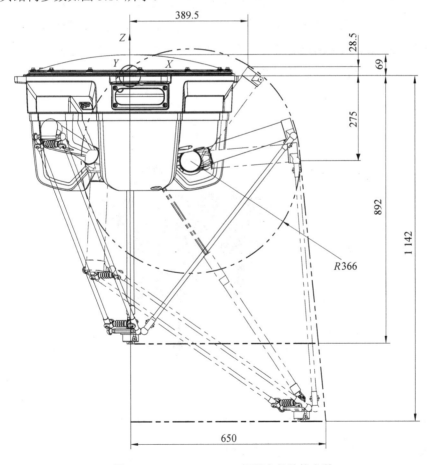

图 5.17　IRB 360-8/1130 机器人的结构参数

5.3.2　FANUC Robot M-1*i*A 机器人

M-1*i*A 机器人是 FANUC 在 2009 年推出的一款轻型、结构紧凑的并联机器人，广泛应用于拾取及包装、高速装配、材料加工等领域，具有如下特点：

（1）轻型、紧凑的机构不仅可以被安装在狭窄的空间，而且可以被安装在任意的倾斜角度上。

（2）根据用途可以选择适宜的手腕自由度和动作范围。

（3）使用了独特的并联结构实现敏捷的动作。

（4）可以从无支架安装、有支架安装、支架上下翻转安装中选择最佳的安装方式，能容易地安装到加工机械上。

（5）*i*RVsion（内置视觉功能）的相机可以安装在机构内部。

FANUC M-1*i*A 系列机器人有多款机型，控制轴数有 3 轴、4 轴和 6 轴。而 M-1*i*A/0.5S 机器人是一款 4 轴机器人，主要由静平台、动平台、3 根主动杆、3 组从动臂、盖板和支架组成，其结构如图 5.18 所示。3 个相同的驱动电机通过减速器与主动臂相连，使得机器人能够实现在 *X*、*Y*、*Z* 方向上的运动；而从动臂通过鱼眼轴承与主动臂连接，并将主动臂的运动传递到动平台。与 ABB IRB 360 机器人不同，该机器人的中间连杆不能伸缩，通过万向接头与动平台相连，并驱动旋转机构转动。

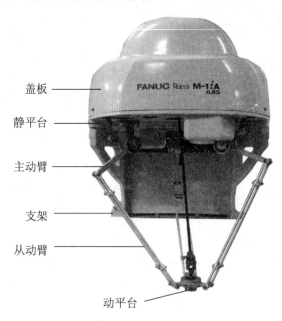

盖板
静平台
主动臂
支架
从动臂
动平台

图 5.18　FANUC M-1*i*A/0.5S 机器人

FANUC M-1*i*A/0.5S 机器人的技术参数见表 5.3。

表 5.3　FANUC M-1*i*A/0.5S 机器人技术参数

型　号	M-1*i*A/0.5S
控制轴数	4 轴（J1，J2，J3，J4）
安装方式	地面安装、顶吊安装
动作范围	直径 280 mm，高度 100 mm
可搬运质量	0.5 kg
手腕最高速度	3 000 deg/s（J4）
重复定位精度	±0.02 mm
防尘防液结构	符合 IP20 标准
机器人机构质量	20 kg（有支架）/14 kg（无支架）

　　M-1*i*A/0.5S 机器人的动作范围如图 5.19 所示。在安装外围设备时，应尽量避免干涉机器人主体部分和动作范围。

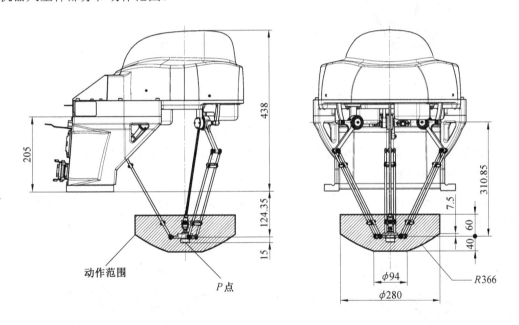

图 5.19　FANUC M-1*i*A/0.5S 机器人动作范围

5.3.3　Adept Hornet 565 机器人

　　Adept 公司旗下的并联机器人具有结构紧凑、精度高、灵活性高、卫生等级高等特点，已广泛应用于包装食品、化妆品、医药和电子产品的拾取操作中。最新研发的 Hornet 565（如图 5.20 所示）采用高载荷能力设计，支持各种抓手，能够在传送带上对物体进行快速抓取与放置作业，通过嵌入式驱动控制，减少了电缆数量。

Hornet 565 机器人是专为高速拾取和包装应用而设计的并联机器人，占地面积小，并有效地降低了安装成本和复杂度。该机器人结构组成如图 5.21 所示，共 4 个自由度。3 个相同的驱动电机通过高性能齿轮减速器与主动臂连接，控制着机器人在 X、Y、Z 方向上的运动；而从动臂通过球铰链与主动臂连接。与 ABB IRB 360 类似，该机器人旋转自由度也是采用中间伸缩连杆（即 θ 驱动轴）的方式实现的。

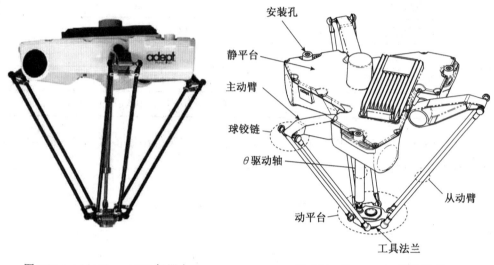

图 5.20　Adept Hornet 565 机器人　　　　图 5.21　Hornet 565 结构组成

球铰链由球铰链螺栓、球铰链内外接头组成，如图 5.8 所示，能够实现 ±60° 的相对运动，不需要润滑。每一对从动臂通过弹簧组件连接，可以对球铰链进行拉伸和预紧。

动平台能够将机器人电机的旋转转换为笛卡尔坐标系下 X、Y、Z 的平动和工具法兰的旋转，旋转范围为 ±360°。动平台中心开有通孔，方便用户布置末端执行器的气路和电气线路，如图 5.22 所示。

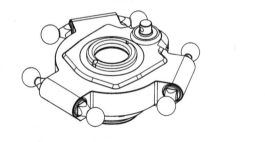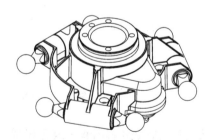

图 5.22　Hornet 565 机器人的动平台结构

驱动轴通过 U 型接头连接 J4 轴电机和动平台上的 J4 轴接口，安装时需要注意安装方向，如图 5.23 所示。U 型接头如图 5.24 所示。

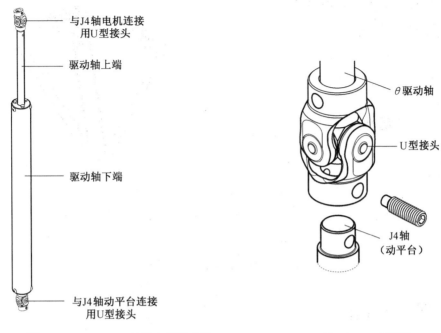

与J4轴电机连接
用U型接头

驱动轴上端

驱动轴下端

与J4轴动平台连接
用U型接头

θ 驱动轴

U型接头

J4轴
（动平台）

图 5.23　Hornet 565 机器人的驱动轴　　　　　图 5.24　U 型接头

Hornet 565 机器人的主要技术参数见表 5.4。

表 5.4　Adep Hornet 565 机器人主要技术参数

规　　　格		
产品型号		Hornet 565
类型		4 轴
安装		倒置式
重复定位精度		±0.1 mm
最大有效载荷		3 kg
质量		52 kg
工作范围	X、Y 轴（行程）	1 130 mm
	Z 轴（行程）	425 mm
	旋转轴（旋转角度）	±360°
连续节拍时间 （标准节拍距离：25/305/25）	有效载荷 1.0 kg	0.37 s

Hornet 565 的工作空间示意图如图 5.25 所示，最大工作直径为 1 130 mm，工作高度为 425 mm，末端执行器能够实现 ±360° 的旋转运动。

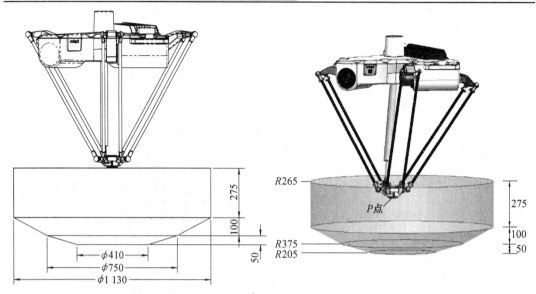

图 5.25　Hornet 565 的工作空间

 思考题

1. 并联机器人中常见的铰链链接有哪些？

2. 机器人中的机械传动形式主要分为哪几种？

3. DELTA 并联机器人机械设计主要包括哪几部分？

4. ABB IRB 360 机器人的特点有哪些？

5. ABB IRB 360-8/1130 机器人的工作空间是多少？重复定位精度是多少？

6. FANUC M-1iA/0.5S 机器人主要由哪几部分组成？

7. FANUC M-1iA/0.5S 机器人的安装方式有哪些？额定负载是多少？

8. Adept Hornet 565 机器人主要由哪几部分组成？

9. Adept Hornet 565 机器人额定负载是多少？重复定位精度是多少？

第 6 章
DELTA 并联机器人控制系统设计

机器人控制系统是控制机器人完成预期运动轨迹的软件单元和硬件单元的统称。并联机器人控制系统是一种非常典型的多自由度实时运动控制系统，控制系统设计优劣将直接决定整个机器人系统的性能。绝大多数传统工业机器人控制器都是专用控制器，其功能取决于机器人所需要完成的特定任务，而且这些专用控制器几乎都是封闭的，没有开放性，开发成本高，周期长。近年来，伴随着计算机技术和 DSP 技术的快速发展，基于 PC+DSP 运动控制卡的开放式控制器逐渐成为机器人控制发展的新的潮流方向，如美国 DELTA Tau 公司的 PMAC 运动控制卡已经在很多工业机器人上得到成功运用。

本章从研究应用角度出发，以 3 自由度 DELTA 并联机器人为例，介绍并联机器人开放式控制系统的组成及设计思路。

6.1　控制系统原理图

一个典型的 3 自由度并联机器人控制系统，主要由**运动控制系统、伺服系统、人机交互系统**和**传感系统** 4 部分构成，如图 6.1 所示。

❋　控制系统原理图

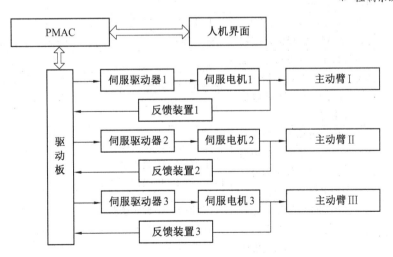

图 6.1　并联机器人的控制系统硬件构架

机器人运动控制系统以 PMAC 运动控制卡为核心和主控单元，进行伺服控制和开关量的控制。机器人伺服系统主要包括伺服驱动器和伺服电机，伺服控制主要是通过运动控制卡控制机器人的 3 个伺服电机。伺服电机 1、2、3 实现平台的 3 个平动自由度，上位机将理想轨迹或目标位置点坐标传输给控制器，控制器经运算得到 3 个电机的位置输出量并发出脉冲给 3 个伺服驱动器，3 个电机带动 3 组机械手臂耦合出动平台的平移运动。传感系统（反馈装置等）将各个关节的运动输出信号反馈给控制器，形成局部闭环控制，使机器人末端执行器按作业任务要求在空间中实现精确运动。人机交互系统以触摸屏为主机，通过人机界面实现交互管理、显示系统运行状态、发送运动指令和监控反馈信号等。

6.2 运动控制系统

并联机器人运动控制系统的核心部件为运动控制卡，全球主流的运动控制器生产厂商有美国 DELTA Tau 公司、美国 Gail 公司、英国 TIRO 公司等，其运动控制卡的性能比较见表 6.1。

表 6.1 常用运动控制卡性能比较

生产商	美国 DELTA Tau 公司	美国 Gail 公司	英国 TRIO 公司
型号	PMAC2	DMC-21X2/3	MC206
插补功能	三次样条、直线、圆弧	直线、圆弧	直线、圆弧、螺旋线
伺服控制功能	PID，带阻滤波，速度、加速度前馈	PID，速度加速度前馈	PID，带阻滤波，速度、加速度前馈
CPU 个数	单 CPU	单 CPU	单 CPU
最大控制轴数	8	8	8
联动轴数	8	8	8
采样周期	1 ms（含插补与伺服轴刷新，三轴联动）	1 ms（含插补与伺服轴刷新，三轴联动）	1 ms（含插补与伺服轴刷新，三轴联动）
结构	PCI 总线，开放式结构，允许 PMAC2 解释语言编程	PCI 总线，开放式结构，ASCII 编程	独立式结构，类 BASIC 语言编程
安全性能	越程极限、速度极限、加速度极限、跟踪误差极限、伺服输出极限、计时器极限、异常终止	越程极限、速度极限、加速度极限、伺服输出极限、计时器极限、异常终止	越程极限、速度极限、加速度极限、伺服输出极限、计时器极限、异常终止
优点	提供用户可编程接口，开发性强；工作稳定；多种通信接口；丰富的外围附件；适应多种电机及编码器	稳定可靠；使用编程极其简单方便；种类齐全，支持 ISA、PCI、PC/104 等总线	提供用户可编程接口，开发性强；工作稳定；多种通信接口；丰富的外围附件
缺点	对流行的现场总线支持较少；上手困难；对于需要很多 I/O 信号的场合,性价比没有优势	多轴运动规划库函数，误差补偿不如 PMAC 丰富；对于工业现场总线支持比较欠缺	缺乏自定义伺服算法模块；对于机器人的特殊应用要求支持不足

由于 PMAC 运动控制卡是目前机器人行业控制系统的主流配置与主流技术,且该控制系统具有良好的开放性,支持目前主流的总线技术,允许软件在不同的平台上运行,提供目前主流的各种伺服控制系统接入的解决方案,能够连接气缸、码盘、接近开关等根据系统的要求实现各种功能,与工控机有多种接口,方便后续软硬件系统的升级及功能扩展。因此,本书设计的 DELTA 并联机器人控制系统选用 PMAC 运动控制卡作为主控单元,可降低控制系统的开发难度,提高系统运行的可靠性。

6.2.1 PMAC 运动控制器

PMAC 运动控制器可以单独使用,相当于一台计算机,所以也称它为运动控制计算机。它采用 Motorola DSP56001 数字信号处理芯片作为中央处理器,使用功能强大的数字信号处理芯片(DSP)实现 1~8 轴的实时伺服控制。在执行运动

※ PMAC 运动控制器

程序时,PMAC 总是提前混合即将执行的运动,即在某一时间执行一个运动前,同时执行与之有关运动的所有计算。

PMAC 运动控制器的主要功能如下:

➢ **执行运动程序** PMAC 运动控制器通过执行运动程序实现运动轨迹规划,在某一时间只能执行单一运动程序,并执行与之相关运动的所有计算。

➢ **执行 PLC 程序** PMAC 以处理器允许的时间尽可能快地扫描 PLC 程序。通过 PLC 程序调度各个运动程序的运行,实现运动轨迹规划和异常处理。

➢ **执行伺服环更新** PMAC 以 2 kHz 的固定频率对各个电机进行伺服更新,根据运动程序,从实际位置和指令位置增加指令的数值。

➢ **执行换向更新** 以 9 kHz 的频率自动进行换向计算和控制,测量转子磁场方向,实现电机不同相位的伺服更新。

➢ **与上位机通信** 可以与上位机通过串口方式、并口方式、双端方式以及以太网方式实现实时通信,异常指令出现时实时反馈到工控机。

➢ **常规管理** 包括跟随误差、硬件超程、软件超程限制、放大器报警灯安全检查和看门狗计时器的更新。

➢ **设定任务优先级** PMAC 任务优先级保证程序的工作效率能够安全运行,定义优先级后,各个任务根据用户自己设置来确定如何运行。

该并联机器人采用的是 Turbo PMAC Clipper 运动控制器(以下简称 Clipper 控制器),如图 4.21 所示,主要完成机器人状态监控与显示、人机交互、数据分析与计算、程序执行、伺服运动控制等功能。对于机器人控制系统的搭建,Clipper 控制器的设计是关键。本书从 Clipper 控制器的硬件和软件这两个方面进行相关分析与设计,从而完成机器人控制系统的设计。

Clipper 控制器是一款具有超高性价比的多轴控制器，其功能强大、结构紧凑，标准版本配有 RS 232、USB 和以太网通信接口以及内置 I/O 模块（可扩展），控制轴数包含 8 轴及 12 轴。它的硬件系统主要由 9 个部分组成：信号处理电路、鉴相倍频电路、计数电路、采样保持电路、D/A 转换器、总线接口电路、PROM/EAROM 存储器、RAM 存储器和输入输出接口。

6.2.2　PMAC 跳线配置

在 Clipper 控制器的电路板上有一些名为 E 的跳线，可以允许用户在一定程度上进行硬件配置。

Clipper 控制器电路板上 E 跳线的分布如图 6.2 所示。

※　PMAC 跳线配置

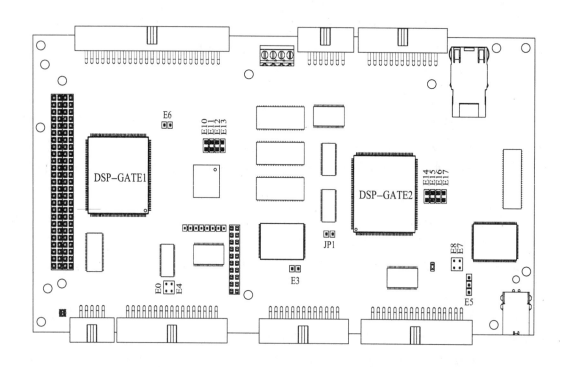

E0—强制复位控制；E3—硬件上电/复位控制；E4—禁用看门狗；E5—厂家设置预留；
E6—ADC 输入使能；E7～E8—USB/以太网复位；E10～E12—上电状态；
E13—上电复位加载源；E14～E17—端口方向控制；JP1—PWM 激光控制

图 6.2　Clipper 控制器的跳线

E 跳线的具体功能见表 6.2。端口 I/O 点方向控制的跳线设置见表 6.3。

该并联机器人 Clipper 控制器的跳线配置见表 6.4，其余跳线均为出厂默认状态。

表 6.2　E 跳线的具体功能

跳线	功能	说明
E0	强制复位控制	正常情况下，Clipper 控制器要移除 E0；跳上 E0 则会强制复位 Clipper 控制器，使其处于不可操作状态，一般只在恢复出厂设置时执行该操作
E3	硬件上电/复位控制	若 E3 处于去掉状态（默认），Clipper 控制器会执行正常上电/复位，将最近保存在闪存中的数据加载到随机存储器中；但是跳上 E3，则会使 Clipper 控制器在复位时进行初始化操作，使其恢复出厂设置
E4	禁用看门狗	正常使用 Clipper 控制器时，一个重要的安全特性是必须去掉 E4，以确保看门狗定时器能够执行。但有时在解决针对性问题时，则可以根据实际需要对 E4 进行短接以使看门狗禁用
E5	厂家设置预留	仅用于厂家设置，跳上 E5 后不可使用以太网或 USB 通讯
E6	ADC 输入使能	如果 E6 处于跳上状态，Clipper 控制器就可以使用 Option12 的模/数转换电路，而移除 E6 则此功能会被禁用。如果系统同时有 Option12 和带电流反馈的数字驱动器时，则必须跳上 E6
E7~E8	USB/以太网复位	跳上 E7，则 USB/以太网 CPU 在上电时会执行复位。E8 为 USB/以太网 CPU 的写保护跳线，要想更改 IP 地址则必须跳上 E8
E10~E12	上电状态	在正常使用 Clipper 控制器时，E10 必须是关闭状态，E11、E12 必须为打开状态，否则在上电/复位时，CPU 不能从闪存中读取相应的固件。其他组合仅供厂家使用
E13	上电复位加载源	在上电/复位状态下，要想以引导模式启动 Clipper 控制器，就必须跳上 E13，这样能够使固件加载至闪存芯片中。在此模式下，当 Clipper 控制器的上位机程序与板建立通信时，它将自动识别出控制器是处于引导模式状态，会通知用户选择作为新固件下载的文件。在正常上电/复位时，E13 必须为 OFF 状态
E14~E17	端口方向控制	JTHW 和 JOPT 端口的 I/O 点方向是通过这些跳线进行控制的。可以使用这些跳线将这些点都设为输入或输出，也可以设为一半输入，一半输出，具体设置见表 6.3。如果将 E14 去掉，或跳上 E15，则 JTHW 将不能再使用复用功能
JP1	PWM 激光控制	如果没有 Option11，则 Clipper 控制器需要跳上 JP1

表 6.3   端口 I/O 点方向控制的跳线设置

JTHW 端口				JOPT 端口			
E14	E15	DATx lines	SELx lines	E16	E17	MOx lines	MIx lines
OFF	OFF	输出	输出	OFF	OFF	输出	输出
OFF	ON	输出	输入	OFF	ON	输出	输入
ON	OFF	输入	输出	ON	OFF	输入	输出
ON	OFF	输入	输入	ON	OFF	输入	输入

表 6.4   Clipper 控制器跳线配置

跳线编号	配置
E7	跳上
E11	跳上
E12	跳上
E14	跳上
E17	跳上
JP1	跳上

6.2.3   PMAC 与系统硬件连接

实际使用时，通常是将 Clipper 控制器当作一个独立板卡控制器，在其板的边缘和电路板的 4 个角均设有安装定位孔。按照图 6.1 所示构架进行控制器的硬件连接，其实物连接如图 6.3 所示。由于驱动板对控制器进行了信号转接，因此控制器的硬件连接就相当于驱动板的硬件连接。

※ PMAC 与系统硬件连接

图 6.3   Clipper 控制器的硬件连接实物图

（1）Clipper 控制器与驱动板连接。

将驱动板连接至 Clipper 控制器时，需采用带端接模块的扁平电缆，其连接插槽的对应关系见表 6.5。

表 6.5　驱动板与 Clipper 控制器的连接插槽对应关系

驱动板插槽	控制器插槽
JP1	J3
JP2	J10
JP3	J8
JP4	J4
JP5	J2
JP6	J9

（2）伺服驱动器与驱动板连接。

用设定好的输入输出信号电缆，分别将 3 台伺服驱动器的输入输出信号接口（CN1）与驱动板上对应的接口（J3、J4、J5）相连。其中 J3、J4、J5 接口为 200 W 电机的输入输出信号接口。

（3）限位信号连接。

将驱动板上 J8 端子台的 GND、ML1、ML2、ML3、ML4 端子并联连接，PL1、PL2、PL3 端子分别接 3 个光电传感器的信号线（BK）。

（4）控制器的输入信号 DI 连接（即驱动板的输入信号连接）。

将驱动板上 J9 端子台的 D11 端子接外部"急停"开关，D12 端子接外部"停止"开关，D13 端子接外部"启动"开关。

（5）控制器的输出信号 DO 连接（即驱动板的输出信号连接）。

将驱动板上 J46 端子台的 OUT1 端子接外部启动指示灯（绿色），OUT2 端子接外部停止指示灯（红色）。将驱动板上 J11 端子台的 OUT3 端子接末端执行器吸盘的吹气信号，OUT4 接吸气信号。

（6）电源连接。

DELTA 并联机器人控制系统包含 PMAC 控制器与驱动板组成，分别采用两组电源进线供电：±12 V 和+5 V、24 V 和+5 V。

➤ **±12 V 和+5 V 电源**　+12 V、−12 V、+5 V、COM 端分别连接驱动板 J19 的+12 V、−12 V、+5 V、+5 GND 端子，并通过驱动板直接转接至控制器电源端子，其中 ±12 V 为模拟量控制驱动电源，+5 V 为控制器供电电源。

➤ **24 V 和+5 V 电源**　24 V、5 V、COM 端分别连接驱动板 J19 的+24 V、V_{CC}、+24 V_{GND} 端子，其中 24 V 为外部电气设备驱动电源，5 V 为驱动板与控制器隔离驱动控制电压。

6.3 伺服控制系统

伺服控制系统是使物体的位置、方位、状态等输出被控量能够跟随输入目标（或给定值）任意变化的自动控制系统。它的**主要任务**是按控制命令的要求，对功率进行放大、变换与调控等处理，使驱动装置输出的力矩、速度和位置都能得到灵活方便的控制。伺服控制系统是具有反馈的闭环自动控制系统，其结构组成与其他形式的反馈控制系统没有原则上的区别。

❋ 伺服系统

伺服控制系统作为机器人的底层控制器，通过传感器取得的反馈信号与来自给定装置的综合信号比较后，得到误差信号，经过放大后用以激发机器人的驱动装置，进而带动机器人的机械臂以一定规律运动。

根据机器人的作业任务，目前机器人的伺服控制模式主要有转矩控制、速度控制和位置控制 3 种。

（1）转矩控制 转矩控制模式是指对电机的转矩控制，为此可在机器人关节轴上安装转矩传感器，以构成一个闭环反馈系统，如图 6.4 所示。

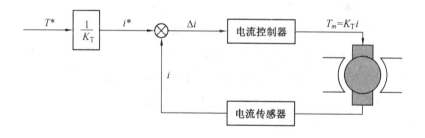

图 6.4 转矩控制原理结构图

假设 K_T 为电动机的转矩系数，T^* 为电机期望转矩，那么控制系统中电机期望电流 i^* 为

$$i^* = \frac{T^*}{K_T} \tag{6.1}$$

如果使电机的实际电流 i 与期望电流 i^* 一致，那么电机就能够产生与期望转矩 T^* 相同的转矩。因此在图 6.4 所示的控制系统中，可以与电流传感器采样得到的实际电机电流 i 进行比较，得到电流误差为

$$\Delta i = i^* - i \tag{6..2}$$

将 Δi 作为控制系统的输入量，通过 PID 控制器进行电机的电流闭环控制，从而完成机器人的转矩控制。

（2）速度控制　速度控制是使控制系统对电机的旋转速度趋于速度期望值，当忽略机器人系统的摩擦和阻尼等因数时，电机的加速度或减速是通过电机的输出转矩实现的，因此速度控制环路应配置在转矩控制环的外侧，如图 6.5 所示。

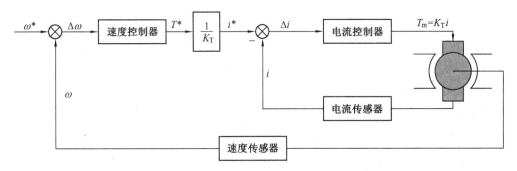

图 6.5　速度控制原理结构图

速度控制系统需要检测机器人的关节电机运动速度，常用的速度传感器为编码器。通过传感器得到的电机旋转速度与速度指令 ω^* 进行比较，将得到的速度差 $\Delta\omega$ 用于速度控制部分，并且通过转矩指令 T^* 调整电机的实际速度，以与指令速度相一致。

目前速度控制器常用的控制是 PI 控制，即

$$T^* = K_p \Delta\omega + K_I \int \Delta\omega \mathrm{d}t \qquad (6.3)$$

通过式（6.3）的控制方式，可得到机器人的电机控制转矩，通过 K_P 和 K_I 的选择可得到系统所希望的速度控制响应。

（3）位置控制　机器人通过电机的旋转实现其位置的变化，如果把机器人的运动折算到关节的电机轴上，那么机器人的运动角度 θ 可以通过电机的转速积分或者电机的编码器得到。

因此，为了使实际位置 θ 跟踪目标位置 θ^*，应当根据 θ 和 θ^* 的位置差 $\Delta\theta$ 对电机的速度 ω^* 进行调整，如图 6.6 所示。

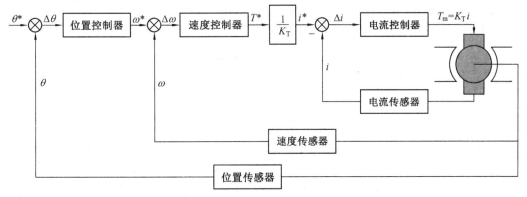

图 6.6　位置控制原理结构图

在图 6.6 中，将电机期望位置和实际位置的差，通过位置控制器产生速度控制指令，构成图 6.5 所示的速度控制系统的输入。在位置控制器中，一般通过比例控制方法得到速度指令，其形式为

$$\omega^* = K_{\mathrm{p}}\Delta\theta \tag{6.4}$$

综合上述 3 种控制模式的特点，并结合所设计的机器人特性要求，本书中的 DELTA 并联机器人采用的是转矩控制模式。该模式将伺服系统电流环控制上移至控制器，可减小伺服驱动器的工作量，增强系统的实时性和快速响应能力。

该并联机器人的伺服系统采用 3 台 200 W 伺服电机，控制系统根据运动指令程序和反馈信息，协调 3 台伺服电机动作，实现三自由度运动。

6.4　人机交互系统

人机界面（Human Machine Interface，HMI）又称人机接口，是一种连接机器人、PLC 等工业控制装置，通过触摸屏输入相应的作业参数或动作命令，实现操作人员与控制系统之间信息交互的数字专用设备。

❋　人机交互系统

人机界面由 2 大部分构成：硬件部分和软件部分。其中，硬件部分包括处理器、触摸屏、数据存储单元、通信接口等，而处理器是 HMI 的核心单元，它的性能直接决定了人机界面性能的高低。人机界面的软件通常分成 2 部分：系统软件和画面组态软件。前者运行于 HMI 硬件中，后者运行于 PC 机 Windows 操作系统下。操作人员首先通过人机界面的画面组态软件将相关"工程文件"编制出来，然后经由计算机与人机界面的串行通信接口，将制作好的"工程文件"下载导入 HMI 的处理器中并运行。目前，人机界面的通信接口多种多样，有 RS 232、RS 485、CAN、RJ 45 网线接口，支持以太网和 USB。

本书设计的 DELTA 并联机器人的 HMI 系统主要功能有：

（1）配置系统参数。操作人员可通过图形接口对机器人等设备进行系统参数的配置。

（2）监视系统状态。从相关图形界面能实时地反映出机器人系统的位置、状态等信息。

（3）控制程序启停。操作人员可以直接通过界面中的虚拟按键实现并联机器人的启动和停止。

（4）系统报警复位。操作人员可自行定义一些警报触发的条件，例如当遇到位置越过极限或者速度超过设定值时，系统会自动发出警报，通知操作人员做相关复位处理。

该并联机器人采用的人机界面如图 6.7 所示。操作人员通过人机界面，与 Clipper 控制器实现信息交互。通过触摸屏，可以完成示教功能和输入运动控制程序，也可以对机器人的运动状态进行实时监控，了解机器人的相关运动参数信息。

图 6.7   人机界面

6.5   传感系统

6.5.1   回零传感器

※ 传感系统

由于所设计的 DELTA 并联机器人的伺服电机采用的是增量式编码器，机器人每次上电后，控制系统不能确定机器人各轴的准确位置。因此，各轴需要配有回零传感器辅助完成回零动作，使得各轴能够运动到指定位置，方便控制系统的运动控制。本书设计的 DELTA 并联机器人的回零传感器采用电感式接近传感器，轴向的工作距离为 2 mm。

电感式接近传感器是一种不需要与运动部件进行机械接触而可以操作的位置传感器，当金属检测物体进入传感器的工作范围内时，不需要机械接触及施加任何压力即可使传感器动作，从而给控制系统提供控制指令，如图 6.6 所示。在自动控制系统中，电感式接近传感器可作为限位、统计计数、定位控制、尺寸检测、速度传感控制、运动部件的精确定位、自动往返控制和自动保护环节，具有使用寿命长、工作可靠、重复定位精度高、无机械磨损、无噪音、抗振能力强等特点，广泛地应用于机器人、机床、冶金、化工、轻纺和印刷等行业。

1. 电感式接近传感器的结构及工作原理

电感式接近传感器由 3 大部分组成：振荡器、开关电路和放大器，如图 6.7 所示。其中，振荡器是由绕在磁芯上的线圈构成的 LC 振荡电路。

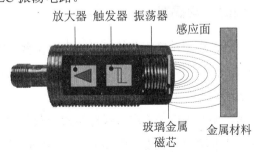

图 6.6   电感式接近传感器   图 6.7   电感式接近传感器的组成

检测原理如图 6.8 所示，振荡器通过传感器的感应面，在其前方产生一个高频交变的电磁场。当金属目标接近这一磁场，并达到感应距离时，在金属物体内产生涡流，而涡流又会引发反向的感应磁场，从而导致振荡衰减，直至停振。振荡器振幅或频率的变化被后级放大器处理并转换成开关信号，触发驱动控制器件，从而达到非接触式之检测目的。

2. 电感式接近传感器的工作过程

电感式接近传感器固定在支架上，当被测物件进入传感器额定动作范围内时，传感器动作，动合触点闭合，动断触点断开；当被测物体离开传感器的工作范围时，传感器复位，动合触点断开，动断触点闭合，如图 6.9 所示。接近传感器的动作可以触发相关的程序或机械动作，从而完成电机的回零动作。

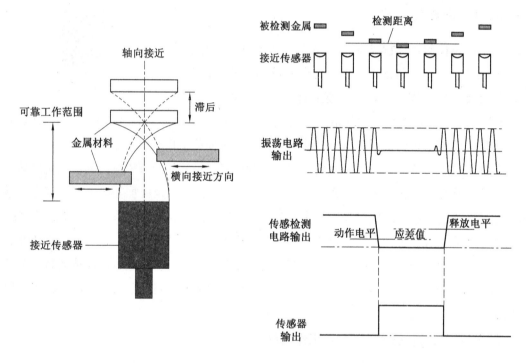

图 6.8　电感式接近传感器的检测原理　　　　图 6.9　电感式接近传感器的工作过程

6.5.2　编码器

机器人要想精确跟踪输送带的实时位移，需要在输送带上配备位移传感器。本书设计的 DELTA 并联机器人的位移传感器采用增量式光电编码器，如图 6.10 所示，配合计米轮可以实现输送带的精密位移测量。

为了使计米轮与输送带保持紧密接触且能够精确测量输送带的位移，其轮毂采用包胶形式。计米轮的周长为 200 mm，编码器转轴的直径为 6 mm。如果配有视觉传感器，则可以实现物料的实时动态跟踪和抓取等。

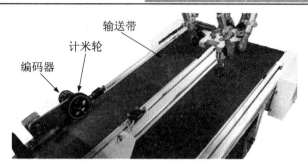

图 6.10　输送带位移跟踪装置

 思考题

1. 一个典型的 3 自由度并联机器人控制系统，主要由哪几部分组成？

2. PMAC 运动控制器的主要功能有哪些？

3. 根据机器人的作业任务，目前机器人的伺服控制模式主要有哪几种？

4. 什么是人机界面？人机界面主要有哪些功能？

5. 电感式接近传感器由哪几部分组成？

6. 简述电感式接近传感器的工作原理及工作工程。

第7章 DELTA 并联机器人运动控制

工业机器人在机械本体设计和控制系统硬件设计完成之后，运动控制成为后续设计和研究的内容，也是机器人系统的重要组成部分。本书设计的 DELTA 并联机器人的运动控制系统基于 Clipper 控制器，因此本章将对 Clipper 控制器编程环境和运动控制程序设计进行相关介绍。

7.1 编程软件

Clipper 控制器提供了一套完整的的软件开发工具包，主要的执行软件有 3 个，分别为：Pewin32 Pro2、PMAC Tuning Pro2 和 PMAC Plot Pro2。

※ 编程软件

（1）Pewin32 Pro2 是软件工具包中最重要的一个，是 Window 环境的执行元件，可以支持 WIN98、WIN2000、WIN XP 的运行环境。它能够与 Clipper 控制器建立通信，实现调试操作，且能够诊断出错误类型；能够将在线指令发送给 Clipper 控制器；监视 Clipper 控制器的电机、坐标系和系统状态；监视、修改和查询 Clipper 控制器中的变量，包括系统变量和用户变量；备份和恢复。

（2）PMAC Tuning Pro2 通常用于校正控制系统的 DAC 偏差、整定 PID 环和电流环控制的参数，让电机的速度、加速度特性得以优化，让被控对象的运动特性变得更快速、精确和稳定。

（3）PMAC Plot Pro2 允许用户在运动过程中访问 Clipper 控制器中任意内存或 I/O 地址采集信息，并且绘制和分析运动中电机的位移、速度、加速度等曲线，以便观察电机的运动状况，是重要的数据采集和显示工具。

Clipper 控制器软件系统基本功能的实现主要是通过 3 个部分：命令、变量和程序。

➢ **命令**　一般指在线命令，Clipper 控制器在接收到命令信息后，能够马上执行并实现该命令的相应功能，如进行动作操作、使变量值改变和显示用户所需要的状态信息等。在线命令主要包括 3 种：轴命令、坐标系命令和全局命令。

（1）轴命令是控制运动系统的运动轴的动作；

（2）坐标系命令是控制系统的坐标系；

（3）全局命令是控制系统的其他参数。

➤ **变量**　Clipper 控制系统中的变量分 4 种：I 变量、P 变量、Q 变量和 M 变量。

（1）I 变量为初始化变量，在内存中具有固定位置，主要作用是设定控制系统的初始值或变量值，并定义控制器的工作性质。Clipper 控制器共有 1 024 个 I 变量（I0～I1023），其中 100 号以内是系统级别变量；其余是通道级别变量，它是根据不同电机的作业要求所需设置的变量。虽然 I 变量的范围是有限制的，但是当所定义的变量数值超出了规定范围时，系统数据不会发生错乱；在这种情况下，系统将自动完成该数值的取模操作，使其转换至规定范围以内。

（2）P 变量为系统全局变量，共有 1 024 个（P0～P1023），在内存中同样具有固定位置，但是并没有实施预先定义用途，虽然用户可以进行任意定义使用，但不可以重复定义。对于同一个系统全局变量，所有的坐标系都能够进行读写，因此在不同坐标系之间传递有用的系统信息是全局变量的一个重要功能。

（3）Q 变量是局部变量，总计 1 024 个（Q0～Q1023），该变量只会对某个坐标系有作用。同一个 Q 变量可以存在于不同的坐标系中，而且占用的地址也不一样；当 Clipper 控制器需要应用同一个地址时，则要在不同的坐标系中定义对应不同的 Q 变量。

（4）M 变量是 Clipper 控制器的地址指针变量，变量范围是 M0～M1023，其作用是对 Clipper 内存地址和 I/O 点地址进行访问。系统对 M 变量是没有进行预先定义含义的，用户要想访问 Clipper 控制器的地址，只能通过定义 M 变量的地址来实现，一旦定义完 M 变量后，就可以通过控制器的后备电池或闪烁存储器将其保存，可用于系统运算和判别触发。

➤ **程序**　包括两部分：运动程序和 PLC 程序。只有编写并执行运动程序和 PLC 程序，系统才能实现正常工作，获得所需要的运动。

7.2　运动模式

不同的用户所需要生成的运动轨迹不同，有些运动轨迹要符合特殊场合要求，为了能产生光滑而精确的轨迹，Clipper 控制器提供的运动模式有以下几种：

❈ 运动模式

（1）直线模式（LINEAR）。

直线模式是运动程序的默认模式，在笛卡尔坐标系中呈直线路径。常用的是线性混合运动，即在该模式方式下，某轴以一定的速度直线移动到目标位置的过程中，速度会进行加速或减速的变化。若依照次序指定至少 2 个运动，且它们之间不能存在停顿，则第一个运动的形式会以同类型控制方式移植至其他运动。

　　轨迹控制的最简单形式是线性混合运动，需要设定其峰值速度或运动时间，如加速时间（TA）、S 曲线加速时间（TS）和线性加速时间（TL）。若无 S 曲线时间（即 TS=0），加速度是恒量，则会形成如图 7.1（a）所示的典型四边形运动曲线。线性加速度如果产生如图 7.1（b）所示的纯 S 曲线速度曲线，则加速曲线为三角形。线性加速和恒定加速相结合则产生如图 7.1（c）所示的梯形曲线。

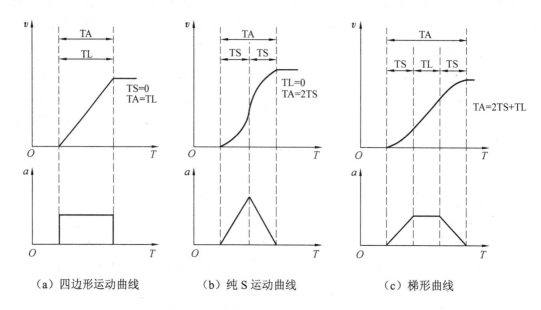

（a）四边形运动曲线　　　（b）纯 S 运动曲线　　　（c）梯形曲线

图 7.1　运动轨迹的速度与加速度曲线

　　由于可以自由地选择恒定加速，纯 S 曲线加速，或者两者的任意组合，Clipper 控制器使用户能够利用最小的"冲击"去平衡高的加速度。若系统对多个轴同时给定了运动命令，那么这些轴就会实现一起加速运动、减速运动或摆动运动。若此时这些轴在直角坐标系内，则会形成一个空间的直线轨迹。

　　（2）圆弧模式（CIRCLE）。

　　在该模式下，会自动生成两个或三个笛卡尔坐标系的圆弧路径。在笛卡尔直角坐标系中，用户可以设定相关坐标系参数，如对平面和平面的法线指向进行设置。在定义每一个运动时，用户既要指定该运动终点的位置（或距离），还需要指定出圆弧中心的位置（或距离）。根据这些指定的参数，系统会自动生成用户期望的圆弧轨迹。圆弧运动彼此之间能够进行连接，还能够实现与直线运动的混合连接。

　　（3）快速模式（RAPID）。

　　在该模式下，每个电机以其最大的预设速度及加速度运动，在笛卡尔坐标系自动生成近似直线的路径。这种模式适合于点到点的最短时间运动，未定义中间路径，通常不能与其他运动模式混合。

（4）样条模式（SPLINE）。

在该模式下，一个较长的运动被分成时间相等（TA）的区段，并给定各轴在每区段的位置或距离，控制器则会自动计算三次样条（速度曲线为抛物线）进行点间的插补，使得每段运动曲线边界处的速度和加速度光滑连续。样条运动之间可以彼此连接。

在运行过程中，样条模式的分段时间 TA 是整数值（毫秒），若被设定的 TA 不是整数，控制器将其取整为最近的整数，且不会报错。在一系列运动中分段时间是不会改变的，如果 TA 发生了改变，Clipper 控制器将自动停止该运动序列的前面部分，使用新的 TA 开启下一个分段的运动。

在一系列样条化的运动开始和结束时，Clipper 控制器会自动施加上一个分段时间的零距离段至各轴，并且在该段与相邻段之间进行样条功能，其目的是为了使从起始开始和到停止时呈现 S 曲线加速运动。

（5）PVT 模式。

PVT 模式（位置-速度-时间模式）能够实现最精确的运动轨迹控制。在 PVT 模式下，用户要指定相应的条件，如终点速度、终点位置（或距离）和各轴的区段时间。Clipper 控制器将会自动依据这些限制和前一个段终点的限制求解出唯一的三次位置轨迹。在样条模式和 PVT 模式中，每一个轴均能够得到冲击为常数的区段，其加速度呈线性变化，速度呈抛物线变化，位置曲线是三次型。

PVT 模式提供了一个结构单元，可以将多个速度分段曲线段组合放在一起，形成所需要的任意图形。PVT 模式的速度分段曲线图如图 7.2 所示。

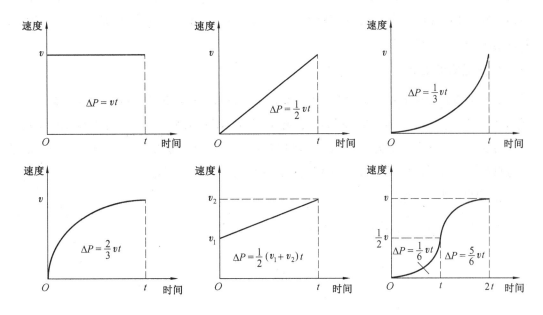

图 7.2   PVT 模式速度分段曲线图

其他运动模式所能实现的任意运动曲线均能在 PVT 模式下实现。由于 PVT 模式正好在编程点采用了插补命令的轨迹，因此它具有优秀的轮廓加工能力，能够产生"厄米特样条"轨迹。

7.3　指令介绍

按照功能分类，Clipper 控制器的运动程序指令可以分成 5 种类型：运动指令、模态指令、变量赋值指令、逻辑控制表达式和辅助表达式。

※　指令介绍

1. 运动指令

运动指令的构成一般包括由单个字母定义的轴和指定的位移单位或者赋值变量式组成。两个运动指令书写位置不一样时，会改变两个运动指令运行的顺序：轴的运动指令出现在同一行时，这些运动指令就是同时运行；当轴的运动指令以由上而下的顺序方式出现时，这些运动指令将会依次顺序运行。

2. 模态指令

模态指令解释了运动模式和运动轨迹的属性，其包含：用于定义坐标运动位置定位方式的绝对式定位（ABS）和增量式定位（INC）指令；用于定义坐标运动方式的轴运动（NORMAL）或者矢量运动（FRAX）指令；用于定义运动速度和时间的混合运动时间（TM）、加速时间（TA）、S 曲线加速时间（TS）和转速（F）指令；用于定义插补方式，直线插补（LINEAR）、圆弧插补（CIRCLEn）、样条运动（SPLINEn）、厄米特样条插补（PVT）和快速运动（RAPID）指令。

3. 变量赋值指令

变量赋值指令很简单，如"{VARIABLE} = {EXPRESSION}"，其中 VARIABLE 为被赋值变量，可以为 P 变量、M 变量和 Q 变量；EXPRESSION 可以为一个具体数值也可以为含有变量的表达式，类似于 C 语言。PMAC 语法不区分字母大小写，另外，在{}中的条目可以被任何合适的定义取代，在[]中的条目在语法上是可选的。

4. 逻辑控制表达式

逻辑控制表达式包括循环语句和条件语句，见表 7.1。

表7.1　常见逻辑控制表达式

指令名称	指令形式	功能说明
条件循环指令	WHILE[条件] {EXPRESSION} ENDWHILE	当条件为真时反复执行其中语句
假设结构指令	IF [条件] {EXPRESSION} ELSE{EXPRESSION} ENDIF	用于条件真假判断，可以嵌套使用
条件跳转指令	GOTO[EXPRESSION]	不带返回语句；EXPRESSION 可以是某一数值、变量或含有变量的表达式，其用途为定义行号
无条件跳转指令	GOSUB[EXPRESSION] RETURN	带返回语句；EXPRESSION 可以是某一数值、变量或含有变量的表达式，其用途也是指定行号；当运动程序在运行时，读到 RETURN 语句，程序将进行返回
调用子程序指令	CALL[EXPRESSION]	运动程序调用子程序的语句，其中数值为所调用的子程序号等

5. 辅助表达式

辅助表达式包含 DELAY、DWELL、WAIT、COMMAND、ENABLE PLC N 和 DISABLE PLC N 等，其具体作用如下：

（1）DELAY {DATA}和 DWELL{DATA}均表示以毫秒为单位持续等待{DATA}时间，两者的差异在于实际的 DELAY 时间是随着时基不断变化的，而 DWELL 对时基不敏感，实时执行；

（2）WAIT 表示暂停执行程序；

（3）COMMAND 表示向 Clipper 控制器发送在线指令；

（4）ENABLE PLC n 和 DISABLE PLC n 用于运动程序调用 PLC 程序（n 为 PLC 程序编号）。

7.4　程序编写

7.4.1　体系结构

DELTA 并联机器人的软件系统是基于 Clipper 控制器的人机交互控制系统，是一种实时操作系统，可以直接操作系统硬件。该软件系统的体系结构如图 7.3 所示。

❋ 体系结构

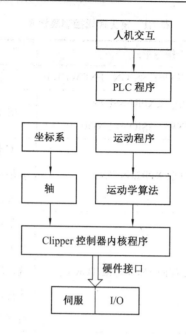

图 7.3　DELTA 并联机器人软件系统的体系结构

其中，内核程序是指 Clipper 控制器的换相算法、插补算法等。对于并联机器人控制系统，Clipper 控制器要配置好相应的坐标系和轴。

在 DELTA 并联机器人的软件系统中，定义完系统的坐标系和轴后，用户可以通过人机交互界面对相关系统参数进行设置，经通信接口，改变程序相应变量，当 PLC 程序执行后，调用运动程序，进行运动学算法等运算，实现闭环控制。

7.4.2　运动程序编写过程

Clipper 控制器编写运动程序过程比较简单，具体步骤如下：

❈　运动程序编写过程

（1）定义坐标系。在运动程序中，只有先定义了坐标系，系统才可以运行相关的运动程序，而单个电机则不可以。格式为"&n"，定义 n 号坐标系。Clipper 控制器最多能够进行 16 个坐标系（&1～&16）的定义。

（2）定义轴。轴是坐标系的一个元素，类似于电机但不是同一事物，通常用字母指明一个轴；通常情况下，轴与电机是一一对应的，但有时也会把同一个轴分配给不同的电机。格式"#1->10000X"，指将 1 号电机分配给 X 轴。

（3）编写程序的开始和结束语句。PMAC 的运动程序的格式如下：

OPEN PROG {CONSTANT} CLEAR

……（程序主体）

CLOSE

其中，{CONSTANT} 是程序的编号，1 到 32 767；在实际编程中，一般使用 1 到 999，因为 1 000 号以后的程序有特殊的用法和加密功能，也可以作为一般程序，比如运动程序 PROG1000、PROG1001、PROG1002、PROG1003 用来作为标准 G 代码的解释；命令 CLEAR 用来对打开的运动程序缓冲区进行清空，以便写入新的内容；命令 CLOSE 用来关闭以上的程序缓冲区。

（4）选择运动模式。Clipper 控制器的运动程序提供 7 种模态指令，分别为 LINEAR、CIRCLE1、CIRCLE2、SPLINE1、SPLINE2、RAPID 和 PVT，其中 LINEAR 代表直线插补混合运动；CIRCLE1 代表顺时针圆弧插补、CIRCLE2 代表逆时针圆弧插补，指定了圆心、半径和弧长的圆弧运动；SPLINE1 代表均匀非有理三次 B 样条插补运动、SPLINE2 代表不均匀非有理三次 B 样条插补运动；RAPID 代表快速运动模式，PVT 代表该运动指定了终点位置（或距离）、速度和运动时间。

（5）选择绝对位置程序模式（ABS）或增量位置程序模式（INC）。使用绝对值定位时，运动与坐标系的原点有关；使用增量定位时，运动与之前轴的位置有关。

（6）规划运动。配置合适的速度、加速度和时间设置：Clipper 控制器的速度、加速度和时间控制由 TA、TS、TM、F 四个指令决定。加速时间内 S 曲线加速的时间是由指令 TS 指定；整个加速过程的时间是由指令 TA 指定；指令 TM 设定的是运动时间，是指从开始运动到减速的时间；指令 F 直接指定电机的转速。

（7）将运动程序下载至 Clipper 控制器。

（8）在 Pewin32 pro2 的终端窗口 Terminal 中输入 "&n Bm R" 执行运动程序，其中 n 为步骤（1）中定义的坐标系号，m 为在步骤（3）中定义的运动程序编号。

7.4.3　PLC 程序编写

Clipper 控制器中的 PLC 程序能够像硬件 PLC 一样完成许多任务，如对运动控制系统进行监测输入、设定输出、改变增益、监视控制器状态、指挥运动、发送信息、运动电机、

❋ PLC 程序编写

配置硬件以及开始或停止运动程序，且不用涉及运动程序的状态，可以重复、快速地进行周期计算。

Clipper 控制器最多能够使用 64 个 PLC，其中 32 个未编译的（PLC0～PLC31）和 32 个已编译的（PLCC0～PLCC31）。所谓编译是指经过编译器编译后的 PLC 程序，其运行速度更快，容易实现模块化管理和调用。

（1）PLC 类型。

Clipper 控制器的 PLC 类型有两种：前台 PLC 和后台 PLC。

其中，PLC0 和 PLCC0 为前台运行，优先级特别高，可以中断任何后台的 PLC，用于系统的实时中断和实时性强的任务。

　　PLC1～31 和 PLCC1～31 为后台运行，在伺服周期间隔的时间内进行，其循环时间会受到伺服频率、电机数量和类型、运动程序计算要求、PLC 程序长度和复杂程度的影响。后台 PLC 的执行顺序如图 7.4 所示。

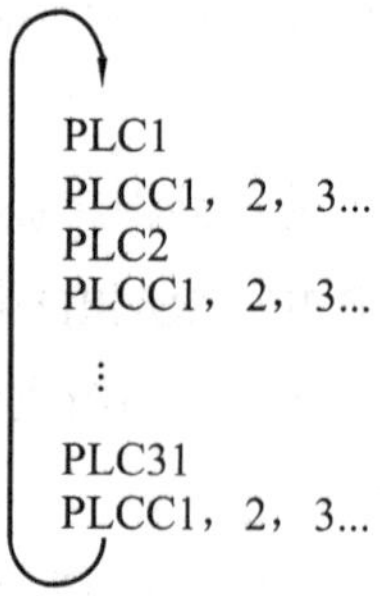

```
PLC1
PLCC1，2，3...
PLC2
PLCC1，2，3...
     ⋮
PLC31
PLCC1，2，3...
```

图 7.4　后台 PLC 的执行顺序

　　本书的实验主要针对未编译的后台 PLC 程序。

　　（2）PLC 程序的基本结构。

　　Clipper 控制器 PLC 程序的基本结构与运动程序相类似，但少了有关轴控制和运动控制的指令，多了些如 CALL、GOTO 等调用、跳转指令以及 AND（与）、OR（或）等逻辑控制指令。PLC 程序的基本结构如下：

```
OPEN PLCn CLEAR        //打开 PLC 程序 n 缓冲区，且清除原有内容；
……                    //程序主体；
ENABLE PLCn            //运行 PLC 程序 n；
CLOSE                 //关闭缓冲区。
```

　　PLC 程序的使能由参数 I5 控制，具体功能的对应设定值见表 7.2。

表 7.2　PLC 程序控制设置

I5 设定值	前台 PLC 运行	后台 PLC 运行
0	关闭	关闭
1	打开	关闭
2	关闭	打开
3	打开	打开

　　（3）PLC 程序的开关量。

　　Clipper 控制器自带 32 个 I/O 点（16 个输入，16 个输出），如果用户觉得不够用可以通过扩展板扩展。在 Clipper 控制器中，PCL 程序是通过 M 变量来访问这些开关量的，每个 M 变量可以指向一个 Clipper 寄存器的地址位，这个位就是外部 I/O 点。操作人员需要在 PLC 程序执行之前对 M 变量和外部 I/O 点建立对应关系。如：

```
M40->y:$ffc2,0,1       //输出点 1，M40 对应地址为 y:$ffc2 的第 0 位；
M51->y:$ffc1,1,1       //输入点 1，M51 对应地址为 y:$ffc1 的第 1 位。
```

（4）PLC 程序的执行。

Clipper 控制器中 PLC 程序的执行有两种方式：一种是上电立即执行，是通过变量 I5 的值进行控制；另一种是直接向控制器发送 ENABLE PLCn（或 DISABLE PLCn）来执行（停止）n 号 PLC 程序。

（5）PLC 程序编写注意事项。

在 Clipper 控制器中触发条件控制有电平触发和边沿触发两种机制，由参数 M51 和参数 P51 配合控制。值得注意的是，在通常情况下，只要控制器扫描一次 PLC 程序，就会从程序的开始到程序的结束运行一遍。

PLC 程序可以与运动程序一起运行，因其扫描方式为后台循环扫描，且每次扫描的时间不固定，所以要用专用计时器在 PLC 程序内部进行准确的定时。Clipper 控制器提供 4 个可写入的 24 位计数器，其单位为系统的伺服周期，用户必须把所定的时间指向对应变量（一般指定毫秒值×8388608/I10）。这 4 个计数器在 Clipper 控制器上的地址是 X:$0700、Y:$0700、X:$0701 和 Y:$0701。

使用这些计数器时，先要定义一个 M 变量指向对应计数器地址，然后进行初始化。如"M70->X:$0700,24,S"，其中 M70=50×8388608/I10（定时 50 ms），Clipper 控制器将进行递减计数，从而实现精确定时。

7.5　程序设计

7.5.1　I 变量配置

I 变量主要用于控制器的内部初始化和设置，每个变量功能已被预定义，包含控制器专用变量，点击专用变量，坐标系专用变量以及编码器专用变量，变量分组见表 7.3。

❋ I 变量配置

表 7.3　Tubo PMAC I 变量分组

序号	I 变量分组	范围
1	Clipper 通用设置	I0~I99
2	电机变量	Ixx00~Ix99
3	C.S.变量	Isx00~Isx99
4	伺服芯片设置	I7mn0~I7mn9
5	伺服芯片时钟	I7m00~I7m09
6	MACRO 芯片设置	I6800~I6999
7	编码器转换表	I8000~I8192

注：① xx:电机号（1~32）；　② sx:C.S.号+50；③ m:门号；④ n:硬件通道号。

对于 Clipper 运动控制器，需设置的 I 变量见表 7.4。

表 7.4　I 变量参数配置

序号	变量	设定值	功　　能
1	I5	2	设置前台 PLC 关，后台 PLC 开
2	I10	3421867	设置伺服中断时间，单位：ms
3	I12	1	启动时间样条前瞻技术
4	I15	0	设置三角函数单位为度
5	Ixx00	1	激活电机
6	Ixx11	32000	设置电机致命跟随误差极限，单位：1/16 计数单位
7	Ixx14	0	禁止电机负软件位置限位
8	Ixx16	720	设置最大程序限速，单位：计数/ms
9	Ixx17	500	设置最大程序加速度，单位：计数/ms²
10	Ixx19	1	设置最大手动/回零加速度，单位：计数/ms²
11	Ixx22	0.1	设置手动速度，单位：计数/ms
12	Ixx23	−0.1	设置回零速度和方向：浮点数，正值代表正方向回零，负值代表负方向回零，单位：计数/ms
13	Ixx24	$00001	设置标志模式控制
14	Ixx26	95.5*40*16	设置回零偏移，单位：计数/ms
15	Ixx29	0	设置输出数模转换偏差，单位：16 位 DAC/ADC 位等效
16	Ixx30	25000	设置 PID 比例增益，单位：(Ixx08/219) 16 位输出位/计数
17	Ixx31	3000	设置 PID 微分增益，单位：(Ixx30*Ixx09)/226 16 位输出位 / (计数/伺服校准)
18	Ixx32	3000	设置 PID 速度前馈增益，单位：(Ixx30*Ixx08)/226 16 位输出位/(计数/伺服校准)
19	Ixx33	1000	设置 PID 积分增益，单位：(Ixx30*Ixx08)/242 16 位输出位/ (计数*伺服校准)
20	Ixx34	1	设置 PID 积分模式
21	Ixx35	1000	设置 PID 加速度前馈增益，单位：(Ixx30*Ixx08)/ 226 16 位/(计数/伺服更新[2])
22	Ixx60	0	设置伺服环周期扩展，单位：伺服中断周期
23	Ixx68	0	设置摩擦前馈，单位：16 位 DAC 位
24	Ixx69	1001	设置输出命令限制，单位：16 位 DAC 位
25	I5113	10	设置坐标系 1 分段时间，单位：ms
26	I5120	500	设置坐标系 1 前瞻缓冲区长度，单位 I5113 分段周期
27	I5187	20	设置坐标系 1 默认程序加速时间，单位：ms
28	I5188	60	设置坐标系 1 默认编程 S 曲线加速时间，单位：ms

续表 7.4

序号	变量	设定值	功　能
29	I5198	10000	设置坐标系 1 最大进给率，单位：用户位置单位/Isx90 进给率时间单位
30	I7010	5	设置第 1 通道编码器/计时器 译码控制
31	I7020	5	设置第 2 通道编码器/计时器 译码控制
32	I7030	5	设置第 3 通道编码器/计时器 译码控制
33	I7040	5	设置第 4 通道编码器/计时器 译码控制

其中 xx=1、2、3 分别代表 DELTA 并联机器人的 3 个电机轴。

7.5.2　M 变量配置

M 变量用于访问 PMAC 内存和 I/O 点，其没有预定义，用户需要指定有效的 PMAC 地址，一旦定义好后，可用于设置状态、计算和判别触发。其基本格式为：

※ M 变量配置

Ma->b:c,d,e

各参数功能见表 7.5。

表 7.5　M 变量数据定义格式

参数	功　能
a	地址前缀，可以是以下类型： X:X 内存中的 1～24 位固定地址位 Y:Y 内存中的 1～24 位固定地址位 D:同时占用 X 和 Y 内存的 48 位固定地址位 L:同时占用 X 和 Y 内存的 48 位浮点地址位 DP:32 位的固定地址位 F:32 位的浮点地址位
b	在内存中的有效地址
c	偏移量，起始的位号
d	数据位宽，默认为 1，可以是 1、4、8、12、16、20 或 24
e	格式，缺省格式是 U，可以是有符号格式 S

DELTA 并联机器人使用 M 变量配置 Clipper 控制器 I/O。Clipper 运动控制器包含两组 I/O 端子，分别为通用数字输入输出端口（JOPT）和多功能复用端口（JTHW），其中 JOPT 提供了 8 个通用数字输入和 8 个通用数字输出。JTHW 含有 8 个输入线及 8 个输出线，输出线可用于扩展输入和输出点，可通过级联接法扩展多达 32 块复用 I/O 板。

对于 JTHW，其 I/O 线在内存中被映射到 PMAC 的在寄存器 Y：$078400 地址空间中。通常情况下，这些 I/O 线是通过 M 变量单独访问的。对于每个 I/O 位，方向控制位是在匹配的 X 寄存器的相应位上。例如，I/O03 的方向控制位是位于 X：$078400,3。因为缓冲器 IC 只能按字节进行切换，所以需要定义 8 位的 M-变量用于方向控制。其配置代码如下：

```
M0->Y:$78400,0        ; Digital Output M00
M1->Y:$78400,1        ; Digital Output M01
M2->Y:$78400,2        ; Digital Output M02
M3->Y:$78400,3        ; Digital Output M03
M4->Y:$78400,4        ; Digital Output M04
M5->Y:$78400,5        ; Digital Output M05
M6->Y:$78400,6        ; Digital Output M06
M7->Y:$78400,7        ; Digital Output M07
M8->Y:$78400,8        ; Digital Input MI0
M9->Y:$78400,9        ; Digital Input MI1
M10->Y:$78400,10      ; Digital Input MI2
M11->Y:$78400,11      ; Digital Input MI3
M12->Y:$78400,12      ; Digital Input MI4
M13->Y:$78400,13      ; Digital Input MI5
M14->Y:$78400,14      ; Digital Input MI6
M15->Y:$78400,15      ; Digital Input MI7
M32->X:$78400,0,8     ; Direction Control bits 0-7 (1=output, 0 = input)
M34->X:$78400,8,8     ; Direction Control bits 8-15 (1=output, 0 = input)
M940->X:$78404,0,24 ; Inversion control (0 = 0V, 1 = 5V)
M942->Y:$78404,0,24 ; J9 port data type control (1 = I/O)
```

其中需要设置 M32=$FF，M34=$00 以完成正确的配置。

对于 JOPT，其 I/O 线在内存中被映射到 PMAC 的寄存器 Y：$078402 地址空间中，其配置代码如下：

```
M40->Y:$78402,8,1 ; SEL0 Output
M41->Y:$78402,9,1 ; SEL1 Output
M42->Y:$78402,10,1 ; SEL2 Output
M43->Y:$78402,11,1 ; SEL3 Output
M44->Y:$78402,12,1 ; SEL4 Output
M45->Y:$78402,13,1 ; SEL5 Output
```

M46->Y:$78402,14,1 ; SEL6 Output

M47->Y:$78402,15,1 ; SEL7 Output

M48->Y:$78402,8,8,U ; SEL0-7 Outputs treated as a byte

M50->Y:$78402,0,1 ; DAT0 Input

M51->Y:$78402,1,1 ; DAT1 Input

M52->Y:$78402,2,1 ; DAT2 Input

M53->Y:$78402,3,1 ; DAT3 Input

M54->Y:$78402,4,1 ; DAT4 Input

M55->Y:$78402,5,1 ; DAT5 Input

M56->Y:$78402,6,1 ; DAT6 Input

M57->Y:$78402,7,1 ; DAT7 Input

M58->Y:$78402,0,8,U ; DAT0-7 Inputs treated as a byte

配置完成后外部 I/O 与 M 变量映射关系见表 7.6。

表 7.6　外部 I/O 与 M 变量映射关系

序号	输入		输出	
	PMAC 接口	M 变量	PMAC 接口	M 变量
1	DAT0	M50	PMO1	M00
2	DAT1	M51	PMO2	M01
3	DAT2	M52	PMO3	M02
4	DAT3	M53	PMO4	M03
5	DAT4	M54	PMO5	M04
6	DAT5	M55	PMO6	M05
7	DAT6	M56	PMO7	M06
8	DAT7	M57	PMO8	M07
9	PMI4	M11	SEL3	M43
10	PMI3	M10	SEL2	M42
11	PMI2	M09	SEL1	M41
12	PMI1	M08	SEL0	M40
13	PMI7	M14	SEL4	M44
14	PMI6	M13	SEL5	M45
15	PMI5	M12	SEL6	M47
16	PMI8	M15	SEL7	M47

7.5.3 运动学算法配置

机器人运动学研究机器人末端在空间中的运动与各个关
节运动之间的关系，包括正向运动学和逆向运动学两部分，
其中正向运动学为给定机器人各关节变量，计算机器人末端

※ 运动学算法配置

在空间中的位置和姿态，而逆向运动学为给定机器人末端在空间中的位置和姿态，计算对
应各关节变量。

在控制其中配置的运动学算法时使用内部变量，Clipper 运动控制器变量包括 P 变量和
Q 变量两种，其中 P 变量为 48 位浮点形式的通用全局用户变量，可在任何坐标系中进行
访问；Q 变量为 48 位浮点形式的坐标系专用变量，仅可在当前坐标系中进行访问。为了
方便识别，根据需要对相关变量进行预定义：

#define A1 Q411	;中间变量
#define B1 Q412	;中间变量
#define C1 Q413	;中间变量
#define A2 Q421	;中间变量
#define B2 Q422	;中间变量
#define C2 Q423	;中间变量
#define A3 Q431	;中间变量
#define B3 Q432	;中间变量
#define C3 Q433	;中间变量
#define D1 Q441	;中间变量
#define D2 Q442	;中间变量
#define B13 Q443	;中间变量
#define B23 Q444	;中间变量
#define C13 Q445	;中间变量
#define C23 Q446	;中间变量
#define E1 Q447	;中间变量
#define F1 Q448	;中间变量
#define E2 Q449	;中间变量
#define F2 Q450	;中间变量
#define aa Q451	;中间变量
#define bb Q452	;中间变量
#define cc Q453	;中间变量

以机器人运动学正解算法为例，其计算参考 3.2 节内容，配置代码如下：

```
&1
OPEN FORWARD clear
    ARod1Angle=Mr1Deg/Mr1SF
    ARod2Angle=Mr2Deg/Mr2SF
    ARod3Angle=Mr3Deg/Mr3SF
    A1=sqrt(3)/2*(StcPlatR+ARodL*sin(ARod1Angle)-MovPlatR)
    B1=1/2*(StcPlatR+ARodL*sin(ARod1Angle)-MovPlatR)
    C1=ARodL*cos(ARod1Angle)
    A2=-sqrt(3)/2*(StcPlatR+ARodL*sin(ARod2Angle)-MovPlatR)
    B2=1/2*(StcPlatR+ARodL*sin(ARod2Angle)-MovPlatR)
    C2=ARodL*cos(ARod2Angle)
    A3 = 1
    B3=StcPlatR+ARodL*sin(ARod3Angle)-MovPlatR
    C3=ARodL*cos(ARod3Angle)
    D1 = (A1 * A1 + B1 * B1 + C1 * C1 - B3 * B3 - C3 * C3) / 2
    D2 = (A2 * A2 + B2 * B2 + C2 * C2 - B3 * B3 - C3 * C3) / 2
    B13 = B1 + B3
    C13 = C1 - C3
    B23 = B2 + B3
    C23 = C2 - C3
    E1 = (B13 * C23 - B23 * C13) / (A2 * B13 - A1 * B23)
    F1 = (B13 * D2 - B23 * D1) / (A2 * B13 - A1 * B23)
    E2= (A2 * C13 - A1 * C23) / (A2 * B13 - A1 * B23)
    F2 = (A2 * D1 - A1 * D2) / (A2 * B13 - A1 * B23)
    aa = E1 * E1 + E2 * E2 + 1
    bb = 2 * E2 * F2 + 2 * B3 * E2 + 2 * E1 * F1 + 2 * C3
    cc = F2 * F2 + B3 * B3 + 2 * B3 * F2 + F1 * F1 + C3 * C3 - PRodL * PRodL
    KinZ = (-bb - Sqrt(bb * bb - 4 * aa * cc)) / (2*aa)
    KinX = E1 * KinZ + F1
    KinY = E2 * KinZ + F2
CLOSE
```

7.5.4　主程序配置

※　主程序配置

主程序通常作为机器人程序运行的入口。在比较成熟的机器人控制系统中，通常对机器人程序入口进行封装，使用一个或多个程序作为主程序入口，而 PMAC 运动控制器属于底层的开放式控制器，其设计结构分为 PLC 程序和运动程序两个层级。在实际编程中，通常使用 PLC 程序进行逻辑控制，并且调用运动程序控制机器人的运动，其配置逻辑如图 7.5 所示。

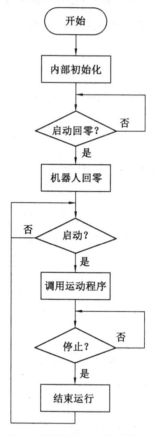

图 7.5　DELTA 并联机器人的运动控制配置逻辑

 思考题

1. PMAC 运动控制器的程序分为哪几种？各有什么特点？

2. PMAC 运动控制器有几种运动模式？

3. PMAC 运动控制器变量分为哪几种？各有什么特点？

4. 简述 PMAC 运动控制器 I/O 变量配置过程。

5. 简述 DELTA 并联机器人主程序执行流程。

第8章 并联机器人项目应用

根据 DELTA 并联机器人控制系统的编程环境和运动控制程序设计，并结合实际项目应用要求，编制相应的作业程序，完成对应的作业任务。

8.1 实训环境

本章的 DELTA 并联机器人的实训项目是基于 HRG-HD1YDT 型 DELTA 并联机器人实验台来完成的，该实验台是一款面向高校及相关科研单位的综合教学实训设备，采用自主设计研发的 DELTA 并联机器人进行物料高速抓取搬运演示教学，其整体外观如图 8.1 所示。

✳ 实训环境

图 8.1 HRG-HD1YDT 型 DELTA 并联机器人实验台

实验台特点如下：

（1）设计透明化，可深入了解所有系统模块设计；

（2）运动速度快，抓取速率可达到 120 次/分钟；

（3）可扩展性高，根据需要可选配智能相机等扩展设备，适合对控制器从底层到最终运动控制的全面学习。

8.2　线性运动

8.2.1　相关指令介绍

PMAC 运动控制器运动模式分为绝对位置模式和增量位置模式，使用指令"ABS"和"INC"进行切换。其指令功能见表8.1。

❋　线性运动

表 8.1　ABS 与 INC 指令

序号	指令	功能	语法	说明
1	ABS	为寻址坐标系中的轴选择绝对位置模式	ABS ABS({axis}[,{axis}…])	{轴}是（X，Y，Z，A，B，C，U，V，W）中的一个字母，它代表被指定的坐标轴，也可以用字母 R 来指定半径矢量模式 在此命令中不允许有空格符。如果不带参数，则它使随后坐标系中各个轴的运动命令的所有位置都被当作绝对位置（即默认状态）；如果带参数则使被指定的轴成为绝对位置模式，而其他轴的状态则不会改变
2	INC	为寻址坐标系中的轴选择增量运动模式	INC INC({axis}[,{axis}…])	{轴}是（X，Y，Z，A，B，C，U，V，W）中的一个字母，它代表被指定的坐标轴，也可以用字母 R 来指定半径矢量模式 在此命令中不允许有空格符。如果不带参数，则它使随后坐标系中各个轴的运动命令的所有位置都被当作增量位置；如果带参数则使被指定的轴成为增量位置模式，而其他的轴的状态则不会改变

PMAC 运动控制器可以通过指定矢量速度（F）或运动时间（TM）的方式控制最终合成运动的速度，指令见表8.2。

PMAC 运动控制器使用 LINEAR 指令切换为线性运动模式，指令见表8.3。

表 8.2　F 与 TM 指令

序号	指令	功能	语法	说明
1	F	设定进给率（速率）	F{数值}	{数值}是一个正浮点型常数或表达式，代表速度矢量，单位是用户定义的时间坐标和长度 此语句设定了下一次 LINEAR、CIRCLE 模式的混合运动的指令速度，其他类型的运动将被忽略（SPLINE，PVT 及 RAPID）。它重载了前边的 TM 及 F 语句，并由后面的任意 TM 或 F 语句所重载 速度单位为换算位移单位/时间单位，其中前者由轴定义语句定义，后者由坐标系的 Isx90 进给率时间单位 I 变量指定
2	TM	设置运动时间	TM{数值}	{数值}是浮点常量或表达式，表示运动时间，单位为 ms 该指令指定了之后 LINEAR 或 CIRCLE 模式运动的运动时间。若全局变量 I42 设置为默认值 0，则此指令也指定之后的 SPLINE 和 PVT 模式运动所花费的时间。它重载任意以前的 TM 或 F 命令，并可被任意以后的 TM 或 F 命令所重载。在 RAPID 运动模式（或者 I42=1 时，SPLINE，PVT 运动模式）中，此指令无关紧要，但是，在下一次返回 TM 控制的运动模式期间，此指令中使用的最近的值保持有效

表 8.3　LINEAR 指令

序号	指令	功能	语法	说明
1	LINEAR	设定为混合线性插补运动模式	LINEAR	LINEAR 指令使控制器处于程序执行混合线性运动模式，后续程序中的运动指令将按照这种运动模式执行。控制器将使每个轴的速度稳定为一个有最近的进给率（F）或运动时间（TM）指令所指定的常量 LINEAR 指令使程序脱离其他运动模式（CIRCLE，PVT，RAPID，SPLINE）。任何其他类型运动模式的指令也可使程序脱离 LINAER 模式

8.2.2 运动示例

使用 DELTA 并联机器人在基础实训模块上运行正方形轨迹，如图 8.2 所示。

（a）起始位置

（b）正方形轨迹

图 8.2 正方形轨迹示例

其程序代码如下：

```
OPEN PROG 1002 CLEAR
    ABS
    F(100)
    LINEAR X(-50) Y(-50) Z(-350)
    LINEAR X(-15) Y(-50) Z(-350)
    LINEAR X(-15) Y(-85) Z(-350)
    LINEAR X(-50) Y(-85) Z(-350)
    LINEAR X(-50) Y(-50) Z(-350)
CLOSE
```

8.3 圆弧运动

8.3.1 相关指令介绍

在进行圆弧运动前，需要指定圆弧的插补平面，PMAC 运动控制器使用 NORMAL 指令实现该功能，圆弧运动的法线矢量所定义的平面和旋转方向如图 8.3 所示。

✳ 圆弧运动

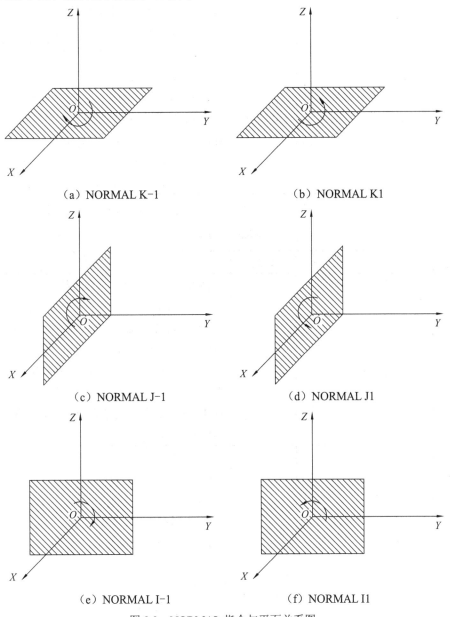

图 8.3　NORMAL 指令与平面关系图

PMAC 运动控制器使用 CIRCLE 模式进行运动圆弧运动，指令见表 8.4。

表 8.4　CIRCLE 指令

序号	指令	功能	语法	说明
1	CIRCLE1	设定复合的顺时针圆周运动	CIRCLE1	该指令将程序设定为顺时针圆弧运动模式。圆弧插补平面由最近的 NORMAL 指令定义，也定义了平面的顺时针和逆时针 圆弧运动模式的程序被另一种运动模式命令清除，包括：圆运动模式，LINEAR，PVT，RAPID 等。任一圆运动指令必须有关于 R 或 IJK 矢量的描述；否则在圆运动模式将执行为直线运动
2	CIRCLE2	设定复合的逆时针圆周运动	CIRCLE2	该指令将程序设定为逆时针圆弧运动模式。圆弧插补平面由最近的 NORMAL 指令定义，它也定义了如何确定平面的顺时针和逆时针运动 圆弧运动模式的程序被另一种运动模式命令清除，包括：圆运动模式，LINEAR，PVT，RAPID 等。任一圆运动指令必须有关于 R 或 IJK 矢量的描述；否则在圆运动模式将执行为直线运动

在运动过程中，需使用 I 和 J 指定圆弧运动的相关矢量方向，见表 8.5。

表 8.5　I 与 J 指令

序号	指令	功能	语法	说明
1	I	圆弧运动 I 矢量	I{数值}	{数值}是一个浮点型常数或表达式，代表以用户坐标单位为单位的径向矢量的 I 分量的值 在圆弧运动中，指定了平行于 X 轴的到圆心的矢量的分量。I 向量的起点是运动的起始点（默认的用于增量坐标模式）或 XYZ 坐标轴零点（用于绝对坐标模式）。在 NORMAL 指令中，这指定圆弧插补和平行于 X 轴的刀具半径补偿平面的法向量的分量
2	J	圆弧运动 J 矢量	J{数值}	{数值}是浮点型常量或表达式，代表以标准用户坐标单位为单位的径向矢量的 J 分矢量 在圆弧运动中，此命令用以指定圆弧径向矢量的平行于 Y 轴的分量。矢量的起始点为运动的起始点（INC（R）模式默认形式）或是 XYZ 坐标轴的原点（ABS（R）模式） 在 NORMAL 指令中，此指令指定了圆弧插补及刀具补偿平面的法矢量的平行于 Y 轴的分量

圆弧插补示例如图 8-4 所示，圆弧起点为（10,5），圆心为（30，10），终点为（25,30），则

$$I=30-10=20$$

$$J=10-5=5$$

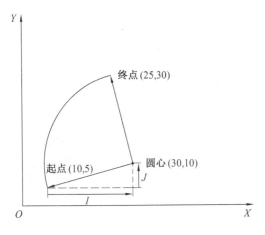

NORMAL K-1
CIRCLE1
F10
X25 Y30 I20 J5

（a）示意图　　　　　　　　　　　　（b）程序代码

图 8.4　圆弧插补示例

8.3.2　运动示例

使用 DELTA 并联机器人在基础实训模块上运行圆形轨迹，如图 8.5 所示。

（a）起始位置　　　　　　　　　　　（b）圆形轨迹

图 8.5　圆形轨迹示例

（2）DWELL 指令对时基变化不敏感，它总是"实时"操作（由 I10 定义）。

（3）在 DWELL 期间，Turbo PMAC 不会预先计算之后的运动，也不计算之前的程序；DWELL 完成之后再开始下一步的运算，在由 I11 及 I12 指定的时间内执行。

8.4.2　运动示例

进行抓取时需要控制机器人通用输出控制吸盘吸取物料，机器人 IO 已经配置映射至 M 变量中，在实验台默认配线中 M2 为吸盘吸气。使用机器人在码垛模块上进行搬运动作，如图 8.6 所示。

（a）运行至抓取点上方　　　（b）运行至抓取位置　　　（c）抓取并抬升

（d）运行至放置点上方　　　（e）运行至放置位置　　　（f）放置并抬升

图 8.6　抓取运动运行轨迹

其程序代码如下：

```
OPEN PROG 1002 CLEAR
    ABS
    F(100)
    LINEAR X(-50) Y(0) Z(-330)
    LINEAR X(-50) Y(0) Z(-350)
    M2=1
    DWELL 500
    LINEAR X(-50) Y(0) Z(-330)
    LINEAR X(50) Y(0) Z(-330)
    LINEAR X(50) Y(0) Z(-350)
    M2=0
    DWELL 500
    LINEAR X(50) Y(0) Z(-330)
    LINEAR X(0) Y(0) Z(-330)
CLOSE
```

8.5　基于红外检测的单输送带跟踪运动

机器人的直线运动、圆弧运动以及抓取运动均属于基本运动，所抓取的位置是固定的，而输送带跟踪运动需要实时跟踪物料的运动位置并进行抓取。其基本步骤为：

❋　基于红外检测的单输送带跟踪运动

（1）通过相机、传感器等检测确定物料的位置，并将物料加入控制器内部待抓取缓冲中。

（2）通过编码器实时跟踪物体在输送带上的位置。

（3）当物体到达机器人抓取半径内时进行跟踪抓取。

（4）如果物体超出机器人抓取范围则停止抓取。

DELTA 并联机器人实验台采用模块化设计方案，机器人的跟踪只需进行相应变量的切换即可，其中需要用到的变量及功能见表 8.7。

其运动过程如图 8.7 所示。

表 8.7　输送带跟踪相关变量

序号	变量	值	功能
1	KinematicsMode	1	设置机器人运动模式为普通运动模式
		0	设置机器人运动模式为输送带跟踪模式
2	BeforBufferZone	1	缓冲区前端物料未进入抓取缓冲区
		0	缓冲区前端物料进入抓取缓冲区
3	bRunning	1	程序处于运行状态
		0	程序结束运行
4	CurX		缓冲区前端物料当前位置 X 坐标
5	CurY		缓冲区前端物料当前位置 Y 坐标
6	PickUpHeight		机器人抓取物料高度
7	MotionHeight		机器人运动物料高度
8	DropX		机器人放置物料位置 X 坐标
9	DropY		机器人放置物料位置 Y 坐标
10	DropZ		机器人放置物料位置 Z 坐标

（a）传感器检测到物料

（b）物料进入抓取区域

（c）跟踪抓取到物料

（d）放置物料

图 8.7　单输送带跟踪运动过程

其程序代码如下：

```
OPEN PROG 1002 CLEAR
F(1000)
ABS
FRAX(X,Y,Z)
KinematicsMode=1
COMMAND "pmatch"
Dwell 1
Z(-320)
While(bRunning)
{
        While(BeforBufferZone) Wait
        KinematicsMode=0
        COMMAND "pmatch"
        Dwell 1
        X(P(CurX)) Y(P(CurY))
        M2=1
        Z(PickUpHeight)
        Dwell 1
        KinematicsMode=1
        COMMAND "pmatch"
        Dwell 1
        Z(MotionHeight)
        X(P(DropX)) Y(P(DropY))
        Z(P(DropH))
        DWELL 50
        M2=0
        DWELL 200
        Z(MotionHeight)
}
CLOSE
```

 思考题

1. 简述线性运动指令的使用方式。

2. 欲实现在 XY 平面内做逆时针圆弧运动，则如何指定 NORMAL 指令？

3. 简述机器人抓取运动的流程。

4. 简述 DELAY 指令与 DWELL 指令的区别。

5. 简述基于红外检测的输送带跟踪运动基本流程。

第9章 FANUC 并联机器人应用

9.1 机器人简介

FANUC M-1*i*A 机器人由 3 部分组成：操作机、控制器和示教器，如图 9.1 所示。

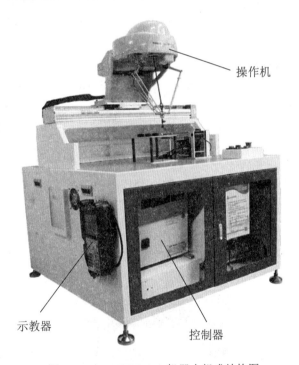

操作机

示教器

控制器

图 9.1 FANUC M-1*i*A 机器人组成结构图

9.1.1 操作机

操作机又称机器人本体，是工业机器人的机械主体，是用来完成规定任务的执行机构。FANUC M-1*i*A 系列机器人有多款机型，控制轴数有 3 轴、4 轴和 6 轴，其中 6 轴机器人如图 9.2 所示。而 M-1*i*A/0.5S 机器人是一款 4 轴机器人，其本体相应机构名称如图 9.3 所示。

✳ 操作机

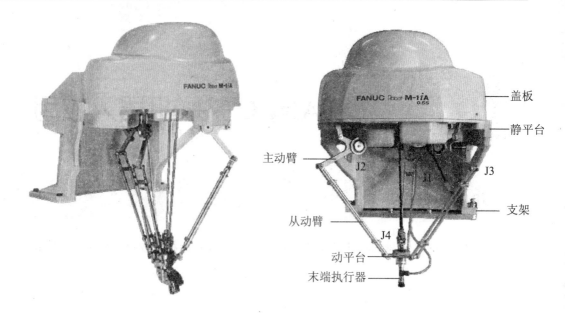

图 9.2　FANUC M-1*i*A/0.5A 机器人本体　　　图 9.3　FANUC M-1*i*A/0.5S 机器人本体

9.1.2　控制器

M-1*i*A/0.5S 机器人一般采用 R-30*i*B Mate 型控制器，其面板和接口的主要构成有：操作面板、断路器、USB 端口、连接电缆、散热风扇单元，如图 9.4 所示。

❉　控制器

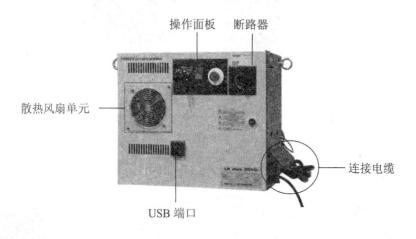

图 9.4　R-30*i*B Mate 型控制器

1. 操作面板

操作面板上有：模式开关、启动开关、急停按钮，如图 9.5 所示。

模式开关　　启动开关

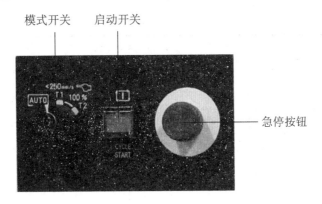

——急停按钮

图 9.5　操作面板

（1）模式开关。

模式开关有 3 种模式：**T1 模式**、**T2 模式**和 **AUTO**。

➢ **T1 模式**：手动状态下使用，机器人只能低速（小于 250 mm/s）手动控制运行。

➢ **T2 模式**：手动状态下使用，机器人以 100%速度手动控制运行。

➢ **AUTO**：在生产运行时所使用的一种方式。

（2）启动开关。

启动当前所选的程序，程序启动中亮灯。

（3）急停按钮。

按下此按钮可使机器人立即停止，向右旋转急停按钮即可解除按钮锁定。

2. 断路器

断路器即控制器电源开关。ON 表示上电，OFF 表示断电，如图 9.6 所示。

当断路器处于"ON"时，无法打开控制器的柜门，只有将其旋转至"OFF"，并继续逆时针转动一段距离，才能打开柜门，但此时无法启动控制器。

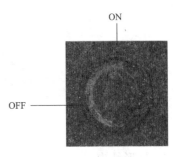

ON

OFF ——

9.1.3　示教器

图 9.6　断路器

1. 简介

示教器是工业机器人的人机交互接口，机器人的绝大部分操作均可以通过示教器来完成，如点动机器人，编写、测试和运行机器人程序，设定、查阅机器人状态设置和位置等。示教器通过电缆与控制器连接，其构成见表 9.1。

※　示教器

表 9.1　示教器构成部分

示教器构成部分	
屏幕分辨率	640×480
LED	POWER
LED	FAULT
键控开关	68 个
示教器有效开关	1 个
安全开关	1 个
急停按钮	1 个
USB 插口	1 个
支持左手与右手使用	支持

2. 正确手持姿势

操作机器人之前必须学会正确持拿示教器，如图 9.7 所示，左手穿过固定带握住示教器，右手可用于操作示教器上的相关按键。示教器背面左右各有一个安全开关，使用时按住任意一个即可。

图 9.7　示教器正确的手持姿势

3. 外形结构

示教器的外形结构如图 9.8 所示。

（1）**示教器有效开关**：将示教器置于有效状态。示教器无效时，点动进给、程序创建、测试执行无法进行。

（2）**急停按钮**：不管示教器有效开关的状态如何，一旦按下急停按钮，机器人立即停止。

（3）**安全开关**：安全开关有 3 种状态，即全松、半按、全按。**半按**时状态有效，**全按**和**全松**时无法执行机器人操作。

（4）**液晶屏**：主要显示各状态画面以及一些报警信号。

（5）**TP 操作键**：操作机器人时使用。

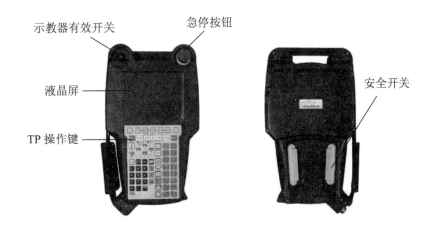

图 9.8　示教器外形结构图

4. TP 操作键介绍

图 9.9 所示是实际应用中的常用按键。表 9.2 介绍了示教器上所有按键的具体功能。

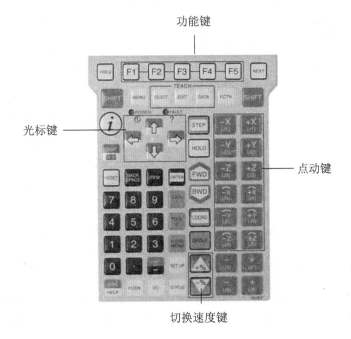

图 9.9　TP 功能键介绍

表 9.2　按键功能介绍

序号	按键	功能	序号	按键	功能
1	SELECT	用来显示程序一览画面	15	BACK SPACE	用来删除光标位置之前一个字符或数字
2	NEXT	将功能键菜单切换到下一页	16	ITEM	用于输入行号码后移动光标
3	MENU	菜单键，显示画面菜单	17	PREV	返回键，显示上一画面
4	SET UP	显示设定画面	18	POSN	用来显示当前位置画面
5	RESET	复位键，消除警报	19	I/O	用来显示 I/O 画面
6	FWD	顺向执行程序	20	BWD	反向执行程序
7	DIAG HELP	单独按下，移动到提示画面，在与 SHIFT 键同时按下的情况下，移动到报警画面	21	DISP	单独按下，移动操作对象画面；与 SHIFT 键同时按下，分割屏幕
8	SHIFT	与其他按键同时按下时，可以点动进给、位置数据的示教、程序的启动	22	GROUP	单独按下，按照 G1-G1S-G2-G2S-G3-•-G1 的顺序，依次切换组和副组，按住 GROUP 键的同时按住希望变更的组号码，即可变更为该组
9	COORD	用于切换示教坐标系	23	EDIT	显示程序编辑画面
10	ENTER	确认键	24	DATA	显示数据画面
11	FCTN	显示辅助菜单	25	STATUS	显示状态画面
12	STEP	在单步执行和连续执行之间切换	26	HOLD	暂停键，暂停机器人运动
13	TOOL 1 TOOL 2	用来显示工具 1 和工具 2 画面	27	+% -%	倍率键，用来进行速度倍率的变更
14	F1 F2 F3 F4 F5	功能键	28		移动光标

其中，功能键（F1～F5）用来选择画面底部功能键菜单中对应的功能。当功能键菜单右侧中出现">"时，按下示教器上的【NEXT】键，可循环切换功能键菜单，如图 9.10（a）、（b）所示。若功能键菜单中部分选项为空白时，则代表相对应的功能键按下无效。

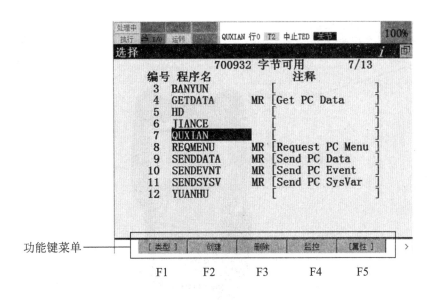

（a）未执行【NEXT】操作时

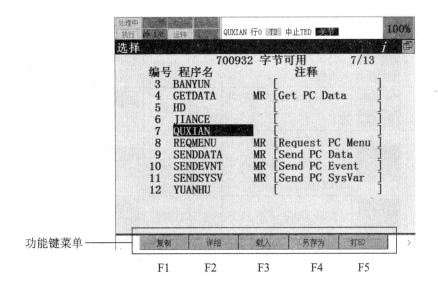

（b）执行【NEXT】操作后

图 9.10　功能键菜单

5. 示教器画面

（1）状态窗口。

状态窗口位于示教器显示画面的最上方，如图 9.11 所示，包含 8 个软件 LED、报警显示和倍率值。8 个软件 LED 的功能见表 9.3。

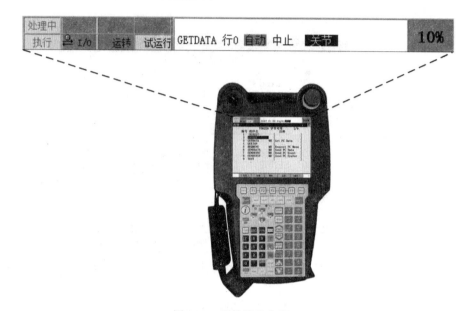

图 9.11　示教器状态窗口

表 9.3　8 个软件 LED

序号	显示 LED	含义	序号	显示 LED	含义
1	处理中	表示机器人正在进行某项作业	5	执行	表示正在执行程序
2	单段	表示处在单段运转模式下	6	I/O	应用程序固有的 LED
3	暂停	表示按下了 HOLD（暂停）按钮，或输入了 HOLD 信号	7	运转	应用程序固有的 LED
4	异常	表示发生了异常	8	试运行	应用程序固有的 LED

注:（LED 上段显示时表示 ON，下段显示时表示 OFF）

（2）菜单画面。

按下示教器上的"MENU"键，即会出现如图 9.12 所示的画面，菜单画面用于画面的选择。

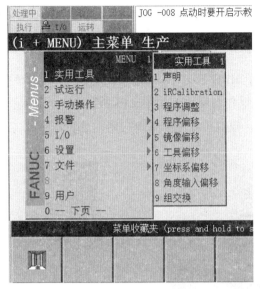

| （a）第 1 页 | （b）第 2 页 |

图 9.12　菜单画面

菜单画面条目的具体功能见表 9.4。

表 9.4　菜单画面条目

序号	条目	功　能
1	实用工具	使用各类机器人功能
2	试运行	进行测试运转的设定
3	手动操作	手动执行宏指令
4	报警	显示发生的报警和过去报警履历以及详细情况
5	I/O	进行各类 I/O 的状态显示、手动输入、仿真输入/输出、信号分配、注解的输入
6	设置	进行系统的各种设定
7	文件	进行程序、系统变量、数值寄存器文件的加载保护
8	用户	在执行消息指令时显示用户消息
9	一览	显示出现一览，也可进行创建、复制、删除等操作
10	编辑	进行程序的示教、修改、执行
11	数据	显示数值寄存器、位置寄存器和码垛寄存器的值
12	状态	显示系统的状态
13	4D 图形	显示 3 画面，同时显示现在位置的位置数据
14	系统	进行系统变量的设定、零点标定的设定等
15	用户 2	显示从 KAREL 程序输出的消息
16	浏览器	进行网络上 Web 网页的浏览

9.2 实训环境

　　本书采用 FANUC M-1*i*A/0.5S 机器人，基于 HRG-HD1XKB 型工业机器人技能考核实训台（标准版），用以学习 FANUC 机器人基本操作与应用，如图 9.13 所示。

　　本实训台含有搬运模块和异步输送带模块，模拟工业生产基本应用，见表 9.5。

＊ 实训环境

图 9.13　HRG-HD1XKB 型工业机器人技能考核实训台（标准版）

表 9.5　标准实训模块

序号	模块编号	模块名称	图示	功能说明
1	M04	搬运模块		模块面板上有 9 个（三行三列）圆形槽，各孔槽均有位置标号，演示工件为圆饼工件。将圆饼置于顶板随机 6 个孔洞中，搬运通用夹具将其夹起搬运至另一指定孔洞中；由排列组合可知有多种搬运轨迹
2	M05	异步输送带模块		上电后，输送带转动，搬运夹具从料仓上夹取尼龙圆柱工件，放至皮带一端。皮带机运行送至另一端，端部单射光电开关感应到并反馈，机器人收到反馈抓取工件移动放至料仓另一位置 皮带机为异步电机驱动，传动方式可采取同步带或链轮传动。电气接线采用快插式，所有的线缆集成到一面板上，面板用香蕉插座，根据皮带机驱动方式选择相应的香蕉插座接线

9.3　编程及操作

9.3.1　手动操作

手动操纵机器人时，机器人有两种运动方式可供选择，分别为关节坐标运动和直角坐标运动。下面逐一介绍这两种运动模式的具体操作步骤。

※　手动操作

1. 关节坐标运动

机器人在关节坐标系下的运动是单轴运动，即每次手动只操作机器人某一个关节轴的转动。手动操作关节坐标运动的方法如下。

步骤 1：将控制器上的模式开关打到"T1"，如图 9.14 所示。

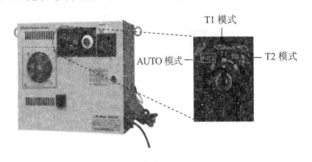

图 9.14　模式选择

步骤 2：按住安全开关，同时按下示教器上【RESET】键，清除报警。

步骤 3：按下【SHIFT】键+【COORD】键，显示图 9.15 所示画面，按【F1】键，选择关节坐标系。

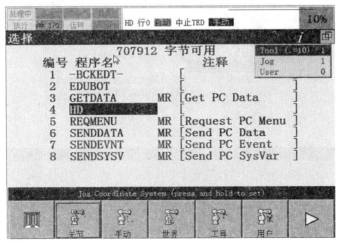

图 9.15　坐标选择

步骤 4：同时按住安全开关与【SHIFT】键+【点动键】，如图 9.16 所示，即可对机器人进行关节坐标运动的操作。

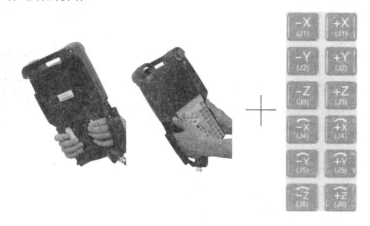

图 9.16　选择动作模式

注意：在操作时，尽量以小幅度操作，使机器人慢慢运动，以免发生撞击事件。

2. 直角坐标运动

机器人在直角坐标系下的运动是**线性运动**，即机器人工具中心点（TCP）在空间中沿坐标轴做直线运动。线性运动是机器人多轴联动的效果，基本操作步骤如下。

步骤 1：将控制器上的模式开关打到"T1"。

步骤 2：按住安全开关，同时按下示教器上【RESET】键，清除报警。

步骤 3：按下【SHIFT】键+【COORD】键，显示图 9.17 所示画面，按【F3】键，选择世界坐标系（选择手动坐标系、工具坐标系、用户坐标系均可实现直角坐标运动）。

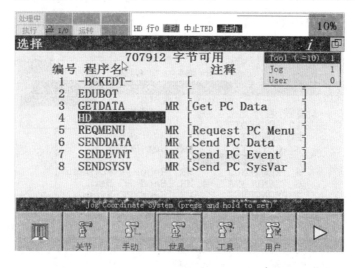

图 9.17　坐标选择

步骤 4：同时按住安全开关与【SHIFT】键+【轴操作键】即可对机器人进行直角坐标运动的操作。

9.3.2 坐标系建立

1. 工具坐标系建立

工具坐标系是表示工具中心和工具姿势的直角坐标系，需要在编程前先进行自定义。如果未定义则为默认工具坐标系。在默认状态下，用户可以设置 10 个工具坐标系。

❋ 坐标系建立

工具坐标系建立的目的：将图 9.18（a）所示的默认工具坐标系变换为图 9.18（b）所示的自定义工具坐标系。

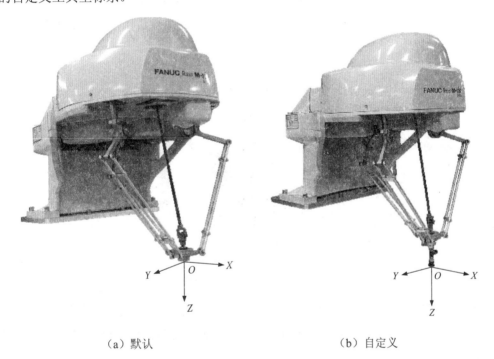

（a）默认   （b）自定义

图 9.18　工具坐标系

FANUC 机器人工具坐标系的设置方法有 5 种：三点法、六点法、二点+Z、四点法和直接输入法。

（1）三点法：三点法示教可以确定工具中心点，要进行正确的设定，应尽量使 3 个趋近方向各不相同。

（2）六点法：三点确定工具中心，另三点确定工具姿势。六点法分为"六点法 XZ"和"六点法 XY"。

（3）二点+Z 值示教法：两个接近点加上手动输入的 Z 轴数值确定工具中心点。

（4）四点法：四点确定工具中心点，要进行正确的设定，应尽量使 4 个趋近方向各不相同。

（5）直接示教法：直接输入相对默认工具坐标系的 TCP 位置（X、Y、Z 的值）及其 X轴、Y轴、Z轴的回转角（W、P、R 的值）。

由于 FANUC M-1iA/0.5S 机器人控制轴数为 4 轴，所以其工具坐标系设置方法是两点+Z 和直接输入法。

2. 用户坐标系建立

用户坐标系是用户对每个作业空间进行定义的直角坐标系，需要在编程前先进行自定义，如果未定义则与世界坐标系重合。在默认状态下，用户可以设置 9 个用户坐标系。

用户坐标系是通过相对世界坐标系的坐标系原点的位置（X、Y、Z 的值）和 X轴、Y轴、Z轴的旋转角（W、P、R 的值）来定义。图 9.19 所示是完成用户坐标系建立后的效果图。

图 9.19　用户坐标系效果图

FANUC 机器人用户坐标系的设置方法有 3 种：三点法、四点法、直接输入法。

（1）**三点法**：示教 3 点，即坐标系的原点、X轴方向的 1 点、XY平面上的 1 点进行示教。

（2）**四点法**：示教 4 点，即平行于坐标系的 X轴的始点、X轴方向的 1 点、XY平面上的 1 点、坐标系的原点进行示教。

（3）**直接输入法**：直接输入相对世界坐标系的用户坐标系原点位置（X、Y、Z 的值）及其 X轴、Y轴、Z轴的回转角（W、P、R 的值）。

9.3.3　I/O 通信

1. I/O 分类

I/O 信号即输入/输出信号，是机器人与末端执行器、外部装置等系统的外围设备进行通信的电信号。FANUC 机器人的

❋ I/O 通信

I/O 信号可分 2 大类：**通用 I/O** 和专用 **I/O**。

（1）通用 I/O。

通用 I/O 是可由用户自定义而使用的 I/O，包括数字 I/O、模拟 I/O 和组 I/O。

① 数字 I/O。数字 I/O 是从外围设备通过处理 I/O 印刷电路板（或 I/O 单元）的输入/输出信号线来进行数据交换的信号，分为数字量输入 DI[i] 和数字量输出 DO[i]。而数字信号的状态有 ON（通）和 OFF（断）两类。

② 模拟 I/O。模拟 I/O 是从外围设备提供处理 I/O 印刷电路板（或 I/O 单元）的输入/输出信号线而进行模拟输入/输出电压值交换，分为模拟量输入 AI [i] 和模拟量输出 AO[i]。进行读写时，将模拟输入/输出电压值转化为数字值。因此，其值与输入/输出电压值不一定完全一致。

③ 组 I/O。组 I/O 是用来汇总多条信号线并进行数据交换的通用数字信号，分为 GI[i] 和 GO[i]。组信号的值用数值（10 进制数或 16 进制数）来表达，转变或逆转变为二进制数后通过信号线交换数据。

（2）专用 I/O。

专用 I/O 指用途已确定的 I/O。专用 I/O 包括机器人 I/O、外围设备 I/O 和操作面板 I/O。

① 机器人 I/O。机器人 I/O 是经由机器人，作为末端执行器 I/O 被使用的机器人数字信号，分为机器人输入信号 RI [i] 和机器人输出信号 RO[i]。末端执行器 I/O 与机器人的手腕上所附带的连接器连接后使用。

② 外围设备 I/O（UOP）。外围设备 I/O 是在系统中已经确定了其用途的专用信号，分为外围设备输入信号 UI[i] 和外围设备输出信号 UO[i]。这些信号从处理 I/O 印刷电路板（或 I/O 单元）通过相关接口及 I/O Link 与程控装置和外围设备连接，从外部进行机器人控制。

③ 操作面板 I/O（SOP）。操作面板 I/O 是用来进行操作面板、操作箱的按钮和 LED 状态数据交换的数字专用信号，分为输入信号 SI[i] 和输出信号 SO[i]。输入随操作面板上按钮的 ON/OFF 而定。输出时，进行操作面板上 LED 指示灯的 ON、OFF 操作。

2. I/O 硬件接口

外围设备接口主要作用是从外部进行机器人控制。R-30iB Mate 的主板备有输入 28 点、输出 24 点的外围设备控制接口。由机器人控制器上的两根电缆线 CRMA15 和 CRMA16 连接至外围设备上的 I/O 印刷电路板，如图 9.20 和图 9.21 所示。其主板物理编号和标准 I/O 分配见表 9.6。

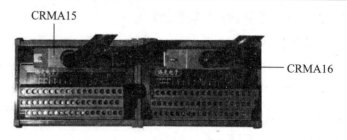

图 9.20　外部设备接口实物图

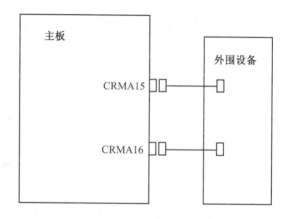

图 9.21　外部设备接口图

表 9.6　R-30*i*B Mate 的主板物理编号和标准 I/O 分配

物理编号	简略CRMA16	UOP 自动分配：完整（CRMA16）	物理编号	简略CRMA16	UOP 自动分配：完整（CRMA16）
in1	DI[101]	UI[1]*IMSTP	out1	DO[101]	UO[1] CMDENBL
in2	DI[102]	UI[2]*HOLD	out2	DO[102]	UO[2] SYSRDY
in3	DI[103]	UI[3]*SFSPD	out3	DO[103]	UO[3] PROGRUN
in4	DI[104]	UI[4] CSTOPI	out4	DO[104]	UO[4] PAUSED
in5	DI[105]	UI[5]FAULT RESET	out5	DO[105]	UO[5] HELD
in6	DI[106]	UI[6] START	out6	DO[106]	UO[6] FAULT
in7	DI[107]	UI[7] HONE	out7	DO[107]	UO[7] ATPERCH
in8	DI[108]	UI[8] ENBL	out8	DO[108]	UO[8] TPENBL
in9	DI[109]	UI[9] RSR1/PNS1/STYLE1	out9	DO[109]	UO[9] BATALM
in10	DI[110]	UI[10] RSR2/PNS2/STYLE2	out10	DO[110]	UO[10] BUSY
in11	DI[111]	UI[11] RSR3/PNS3/STYLE3	out11	DO[111]	UO[11] ACK1/SNO1
in12	DI[112]	UI[12] RSR4/PNS4/STYLE4	out12	DO[112]	UO[12] ACK2/SNO2

续表 9.6

物理编号	简略 CRMA16	UOP 自动分配：完整（CRMA16）	物理编号	简略 CRMA16	UOP 自动分配：完整（CRMA16）
in13	DI[113]	UI[13] RSR5/PNS5/STYLE5	out13	DO[113]	UO[13] ACK3/SNO3
in14	DI[114]	UI[14] RSR6/PNS6/STYLE6	out14	DO[114]	UO[14] ACK4/SNO4
in15	DI[115]	UI[15] RSR7/PNS7/STYLE7	out15	DO[115]	UO[15] ACK5/SNO5
in16	DI[116]	UI[16] RSR8/PNS8/STYLE8	out16	DO[116]	UO[16] ACK6/SNO6
in17	DI[117]	UI[17] PNSTROBE	out17	DO[117]	UO[17] ACK7/SNO7
in18	DI[118]	UI[18]PRODSTART	out18	DO[118]	UO[18] ACK8/SNO8
in19	DI[119]	DI[119]	out19	DO[119]	UO[19] SNACK
in20	DI[120]	DI[120]	out20	DO[120]	UO[20]Reserve
in21	UI[2] *HOLD	DI[81]	out21	UO[1] CMDENBL	DO[81]
in22	UI[5] RESET*1	DI[82]	out22	UO[6] FAULT	DO[82]
in23	UI[6] START*2	DI[83]	out23	UO[9] BATALM	DO[83]
in24	UI[8] ENBL	DI[84]	out24	UO[10] BUSY	DO[84]
in25	UI[9] PNS1	DI[85]			
in26	UI[10] PNS2	DI[86]			
in27	UI[11] PNS3	DI[87]			
in28	UI[12] PNS4	DI[88]			

9.3.4　基本指令

FANUC 机器人的基本指令包括动作指令、I/O 指令、流程指令以及其他常用指令。

※ 基本指令 1

1. 动作指令

动作指令是指以指定的移动速度和移动方法使机器人向作业空间内的指定位置移动的指令。FANUC 机器人常用的动作指令有：J、L、C 和 A。

J： 关节动作，是将机器人移动到指定位置的基本移动方法。机器人所有轴同时加速，在示教速度下移动后，同时减速停止。移动轨迹通常不为直线，在对结束点进行示教时记述动作类型。

L：直线动作，是将所选定的机器人工具中心点（TCP）从轨迹开始点运动到目标点的动作类型。

C：圆弧动作，是从动作开始点通过经过点到目标点以圆弧方式对工具中心点移动轨迹进行控制的一种移动方法，其在一个指令中对经过点、目标点进行示教。

A：C 圆弧动作，在该动作指令下，在一行中只示教一个位置，连续的 3 个圆弧动作指令将使机器人按照 3 个示教的点位所形成的圆弧轨迹进行动作。

机器人关节动作、直线动作、圆弧动作和 C 圆弧动作的示意图如图 9.22～9.25 所示。

图 9.22　关节动作轨迹

图 9.23　直线动作轨迹

图 9.24　圆弧动作轨迹

图 9.25　C 圆弧动作轨迹

指令格式及示例见表 9.7。

表 9.7　常见动作指令格式及示例

指令类型	指令格式	注释
直线动作	L P[2] 500 mm/sec FINE	L，J：动作类型 P[1]：目标位置 500 mm/sec：移动速度 FINE：定位类型 CNT100：定位类型
关节动作	J P[2] 70% FINE	
圆弧动作	C P[2] 　P[3] 500 mm/sec FINE	
C 圆弧动作	A P[2] 500 mm/sec FINE A P[3] 500 mm/sec CNT100 A P[4] 500 mm/sec FINE	

注意：

（1）在指定了 CNT 的动作语句后、执行等待指令的情况下，标准设定下机器人会在拐角部分轨迹上停止，执行该指令。

（2）在 CNT 方式下连续执行距离短而速度快的多个动作的情况下，即使 CNT 的值为 100，也会导致机器人减速。

（3）机器人的定位类型示意图如图 9.26 所示。

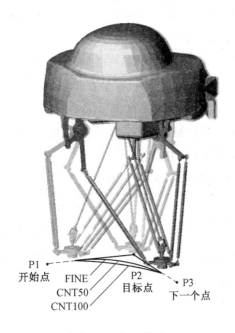

图 9.26　定位类型

2. I/O 指令

FANUC 机器人常用的输入输出指令有机器人 I/O 指令 RI[i]、RO[i]和数字 I/O 指令 DI[i]、DO[i]。其中机器人 I/O 指令用于控制机器人与末端执行器的信号通信，数字 I/O 指令用于机器人与外围设备进行输入输出信号的通信。

❋ 基本指令 2

WAIT RI[i]=ON/OFF：等待机器人手臂末端的输入信号接通或者断开。

RO[i]=ON/OFF：将机器人手臂末端的一个输出信号接通或者断开。

WAIT DI[i]=ON/OFF：等待机器人数字信号接口中的输入信号接通或者断开。

DO[i]=ON/OFF：将机器人数字信号接口中的一个输出信号接通或者断开。

其中：i 表示机器人输入信号号码，ON 为数字输入信号接通，OFF 为数字输入信号断开。

指令格式及示例见表 9.8。

表 9.8 常见 I/O 指令格式及示例

指令格式	说　　明
Wait RI[1]=ON	等待机器人手臂末端的输入信号 RI[1]接通时，机器人继续执行后面程序指令，否则一直等待
RO[1]=ON	接通机器人手臂末端的输出信号 RO[1]
Wait DI[1]=ON	等待机器人数字信号接口中的输入信号 DI[1]接通时，机器人继续执行后面程序指令，否则一直等待
DO[1]=ON	接通机器人数字信号接口中的输出信号 DO[1]

3. 流程指令

FANUC 机器人常用的流程控制指令有：条件指令 IF、循环指令 FOR/ENDFOR、条件跳转指令 JMP 和条件选择指令 SELECT。

IF：条件指令。满足不同条件，执行对应程序。

IF　R[1] = 2，JMP LBL [1]	对变量 R[1]的值和另一方的值进行比较，若 R[1]=2，跳转到 LBL[1]，否则执行 IF 下面一条指令

FOR/ENDFOR：循环指令。可以控制程序指针在 FOR 和 ENDFOR 之间循环执行，执行的次数可以根据需要进行指定。

FOR　R[1]=1 TO 5 　　L P[1] 100mm/sec　CNT100 　　L P[2] 100mm/sec　CNT100 ENDFOR	机器人将在 P[1]和 P[2]之间反复运动 5 次，然后结束循环，继续执行 ENDFOR 后面的程序

JMP：跳转指令。用于跳转到指定的标签，该指令一旦被执行，程序指针将会从当前行转移到指定程序行。

JMP　LBL [2] ... LBL [2] L P[2] 500mm/sec FINE	跳转到标签 2，开始执行标签 2 后面的程序行

SELECT：条件选择指令。根据寄存器的值转移到所指定的跳跃指令或子程序呼叫指令。该指令执行时，将寄存器的值与一个或几个值进行比较，选择值相同的语句执行。

SELECT R[1] =1 ，JMP LBL[1] 　　　　=2 ，JMP LBL[2] 　　　　=3 ，JMP LBL[3] 　　　ELSE ，CALL SUB2	将寄存器的值与一个或几个值进行比较，当值值相等时，执行相应的程序。 当 R[1]=1 时，跳转到 LBL[1] 当 R[1]=2 时，跳转到 LBL[2] 当 R[1]=3 时，跳转到 LBL[3] 当 R[1]均不等于上述 3 个比较值时，调用 SUB2 子程序

4. 其他常用指令

FANUC 机器人其他常用指令包括：

R[i]=（值）	数值寄存器指令，用来存储某一整数值或小数值的变量，标准情况下提供 200 个数值寄存器，可进行数值寄存器算术运算
PR[i]=（值）	位置寄存器指令，用来存储位置数据，标准情况下提供 100 个位置寄存器，可进行代入、加减运算处理
UTOOL[i]=（值）	工具坐标系设定指令，其中 i 为工具坐标系号码（1~10），（值）为位置寄存器变量 PR[j]
UFRAME[i]=（值）	用户坐标系设定指令，其中 i 为用户坐标系号码（1~9），（值）为位置寄存器变量 PR[j]
UTOOL_NUM=（值）	工具坐标系选择指令，（值）为工具坐标系号码（1~10）
UFRAME_NUM=（值）	用户坐标系选择指令，（值）为用户坐标系号码（1~9）
WAIT （值） WAIT（变量）（算符）（值） （处理）	等待指令，可以指定具体的等待时间（单位为 sec），也可用于指定等待条件，对变量的值和另外一方的值进行比较，在条件得到满足之前等待

9.3.5　程序编辑

※　程序编辑

用户在创建程序前，需要对程序进行概要设计，要考虑机器人执行所期望作业的最有效方法，在完成概要设计后，即可使用相应的机器人指令来创建程序。

程序的创建一般通过示教器进行。在对动作指令进行创建时，通过示教器手动进行操作，控制机器人运动至目标位置，然后根据期望的运动类型进行程序指令记述。程序创建结束后，可通过示教器根据需要修改和测试程序等。

1. 程序创建

步骤1：按【SELECT】键，进入程序一览界面，如图9.27所示。

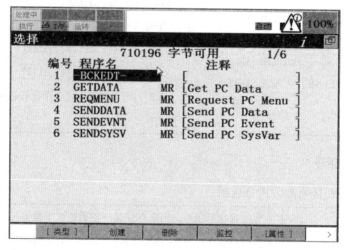

图 9.27　程序一览界面

步骤2：按【F2】键，对应"创建"功能，进入创建程序界面，如图9.28所示。

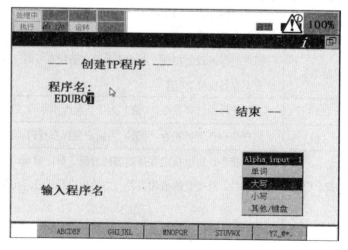

图 9.28　创建程序界面

步骤 3：使用光标键，将右下方的输入方式选定为"大写"，再使用功能键（F1～F5）输入程序名。

步骤 4：按【ENTER】键，程序名称创建完成，如图 9.29 所示。

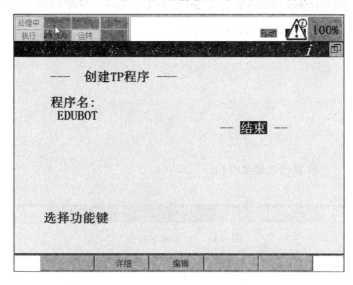

图 9.29　程序创建完成

2. 添加指令

步骤 1：按【SELECT】键，进入程序一览界面。

步骤 2：选择"EDUBOT"按【ENTER】键，进入程序编辑界面，如图 9.30 所示。

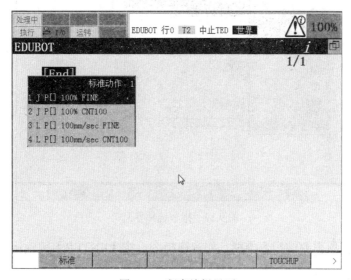

图 9.30　程序编辑界面

步骤 3：将机器人移动到一个合适的位置，按【F1】键，对应"指令"功能，选择一条你所需要的动作指令。

步骤 4：将光标移动到所需的动作指令，按【ENTER】键确认，如图 9.31 所示。

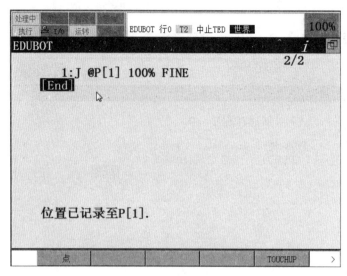

图 9.31 添加程序指令

步骤 5：如需输入运动指令以外的其他指令，需要在指令选择菜单中进行选择。按示教器上【NEXT】键，切换功能键菜单。

步骤 6：按【F1】键，对应"指令"功能，进入指令选择界面，如图 9.32 所示。

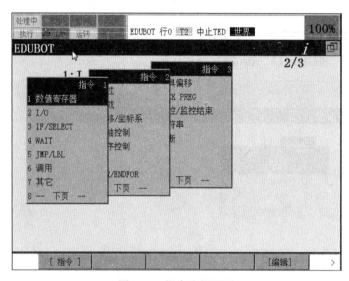

图 9.32 指令选择界面

步骤 7：选择所需要的指令类型，如等待指令，按【ENTER】键确认。

3. 程序再现

步骤 1：按【SELECT】键，出现程序一览界面。

步骤 2：选择希望测试的程序，按【ENTER】键，显示程序编辑界面。

步骤3：选定连续运转方式。确认【STEP】指示灯尚未点亮。（STEP 指示灯已经点亮时，按下【STEP】键，使 STEP 指示灯熄灭）

步骤4：将光标移动到程序的开始行，如图 9.33 所示，按住安全开关，将示教器的有效开关置于"ON"。

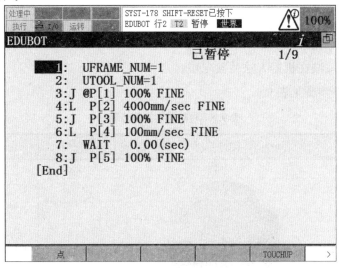

图 9.33 程序编辑界面

步骤5：在按住【SHIFT】键的状态下，按下【FWD】键后松开。在程序执行结束之前，持续按住【SHIFT】键。松开【SHIFT】键时，程序在执行的中途暂停。

步骤6：程序执行到末尾后强制结束，光标返回到程序的第一行。

9.4 项目应用

本实例使用搬运模块，通过物料搬运操作来介绍机器人 I/O 模块的输出信号的使用，如图 9.34 所示。

※ 项目应用

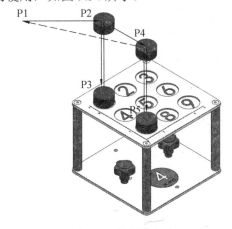

图 9.34 物料搬运路径规划

　　在硬件连接时，使用机器人通用数字输出信号 DO102，驱动电磁阀，产生气压通过真空发生器后，连接至吸盘。路径规划：初始点 P1→圆饼 1 抬起点 P2→圆饼 1 拾取点 P3→圆饼 1 抬起点 P2→圆饼 7 抬起点 P4→圆饼 7 拾取点 P5→圆饼 7 抬起点 P4→初始点 P1，如图 9.34 所示。

　　编程前需完成的步骤：

　　（1）安装码垛模块。

　　（2）将工具安装在机器人法兰盘末端。

　　物料搬运实例步骤见表 9.9。

表 9.9　物料搬运实例步骤

序号	图片示例	操作步骤
1	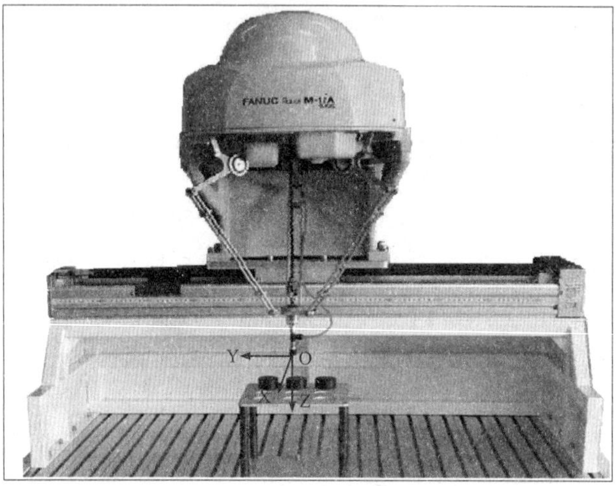 	根据实际设计，使用直接示教法输入工具坐标系参数
2	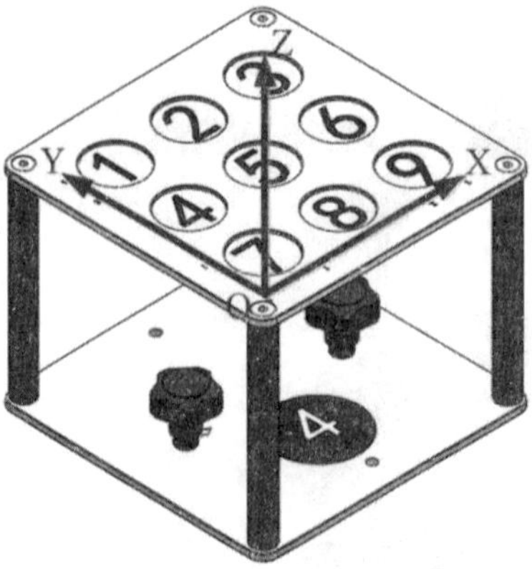	利用三点法建立用户坐标系

续表 9.9

序号	图片示例	操作步骤
3	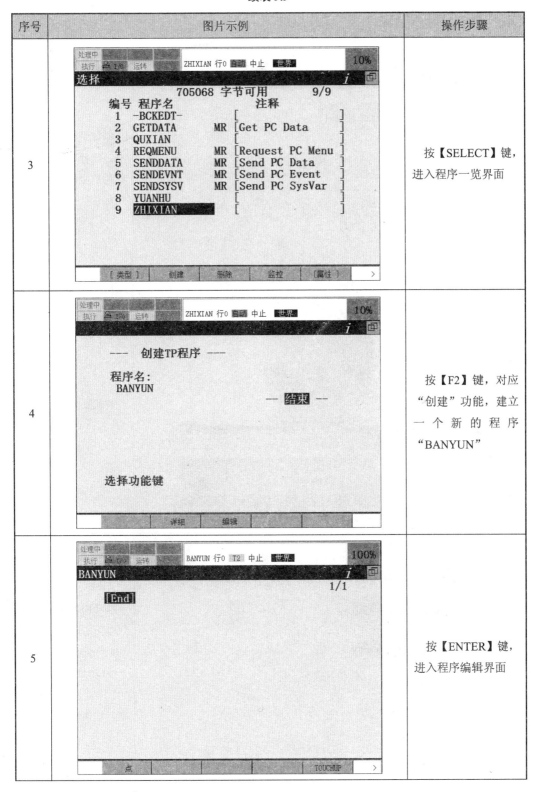	按【SELECT】键，进入程序一览界面
4		按【F2】键，对应"创建"功能，建立一个新的程序"BANYUN"
5		按【ENTER】键，进入程序编辑界面

续表 9.9

序号	图片示例	操作步骤
6	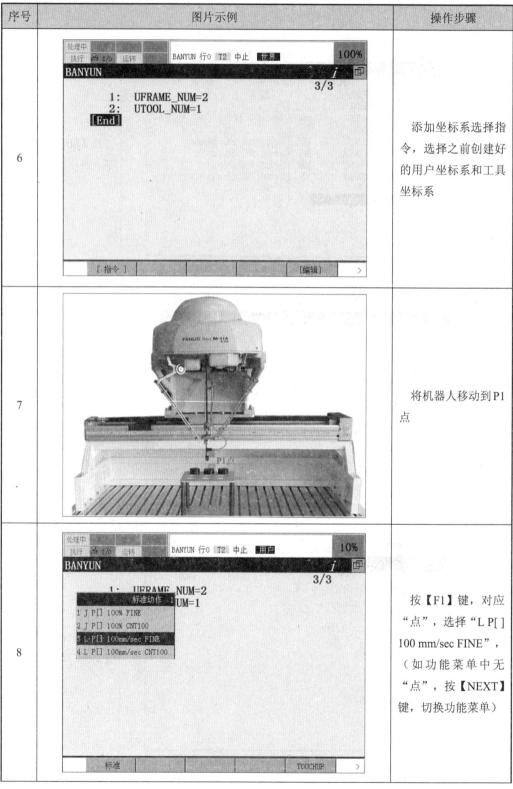 处理中 执行 I/O 运转　BANYUN 行0 T2 中止 世界　100% **BANYUN**　　　　　　　　　i 　　　　　　　　　　　　　　3/3 　　1：　UFRAME_NUM=2 　　2：　UTOOL_NUM=1 　　[End] [指令]　　　　　　　　[编辑]　　>	添加坐标系选择指令，选择之前创建好的用户坐标系和工具坐标系
7		将机器人移动到P1点
8	处理中 执行 I/O 运转　BANYUN 行0 T2 中止 用户　10% **BANYUN**　　　　　　　　　i 　　　　　　　　　　　　　　3/3 　　1：　UFRAME_NUM=2 　　　标准动作　1　UM=1 1 J P[] 100% FINE 2 J P[] 100% CNT100 3 L P[] 100mm/sec FINE 4 L P[] 100mm/sec CNT100 标准　　　　　　　TOUCHUP　>	按【F1】键，对应"点"，选择"L P[] 100 mm/sec FINE"，（如功能菜单中无"点"，按【NEXT】键，切换功能菜单）

续表 9.9

序号	图片示例	操作步骤
9	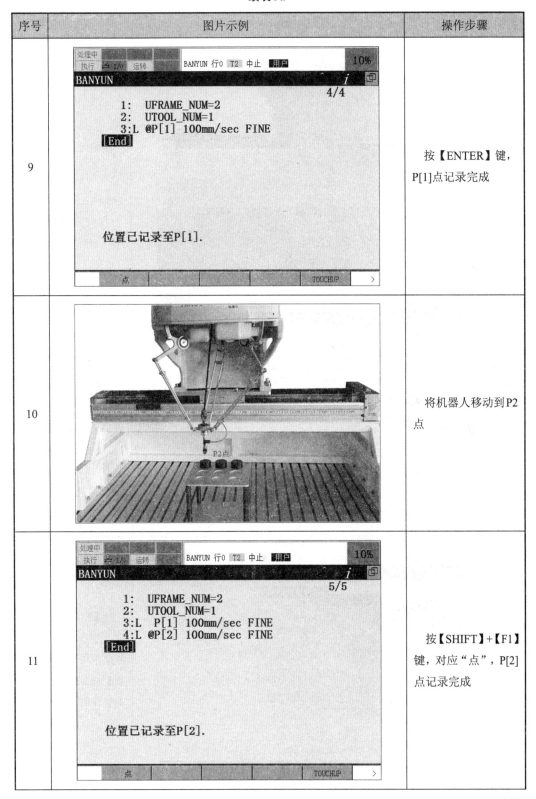	按【ENTER】键，P[1]点记录完成
10		将机器人移动到 P2 点
11		按【SHIFT】+【F1】键，对应"点"，P[2]点记录完成

续表 9.9

序号	图片示例	操作步骤
12	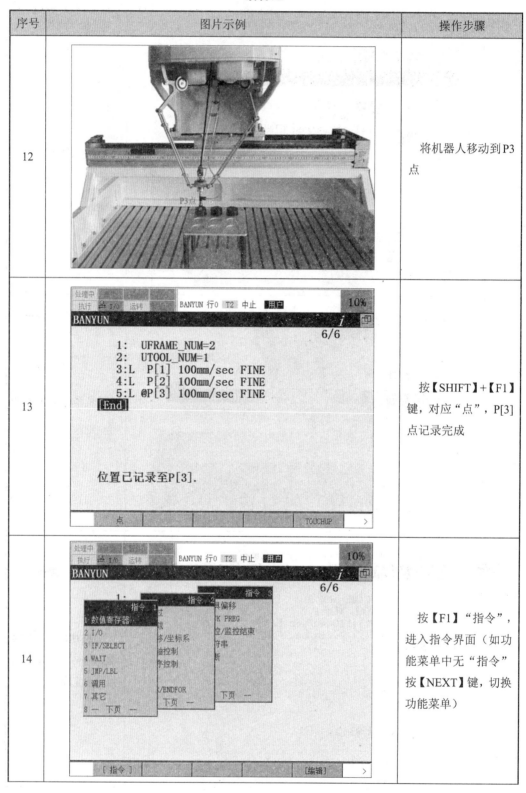	将机器人移动到P3点
13	处理中 执行 I/O 运转　BANYUN 行0 T2 中止 用户　10% **BANYUN**　　　　　　　　　　　　　　*i* 6/6 　1:　UFRAME_NUM=2 　2:　UTOOL_NUM=1 　3:L　P[1] 100mm/sec FINE 　4:L　P[2] 100mm/sec FINE 　5:L　@P[3] 100mm/sec FINE 　[End] 位置已记录至P[3]. 点　　　　　　　　　TOUCHUP　＞	按【SHIFT】+【F1】键，对应"点"，P[3]点记录完成
14	处理中 执行 I/O 运转　BANYUN 行0 T2 中止 用户　10% **BANYUN**　　　　　　　　　　　　　　*i* 6/6 指令 1　　指令 2　　指令 3 1 数值寄存器　　　　　偏移 2 I/O　　　　　　K PREG 3 IF/SELECT　移/坐标系　控/监控结束 4 WAIT　　　轴控制　序串 5 JMP/LBL　　序控制　析 6 调用 7 其它　　　/ENDFOR 8 — 下页 —　下页 —　下页 — [指令]　　　　　　　[编辑]　＞	按【F1】"指令"，进入指令界面（如功能菜单中无"指令"按【NEXT】键，切换功能菜单）

续表 9.9

序号	图片示例	操作步骤
15	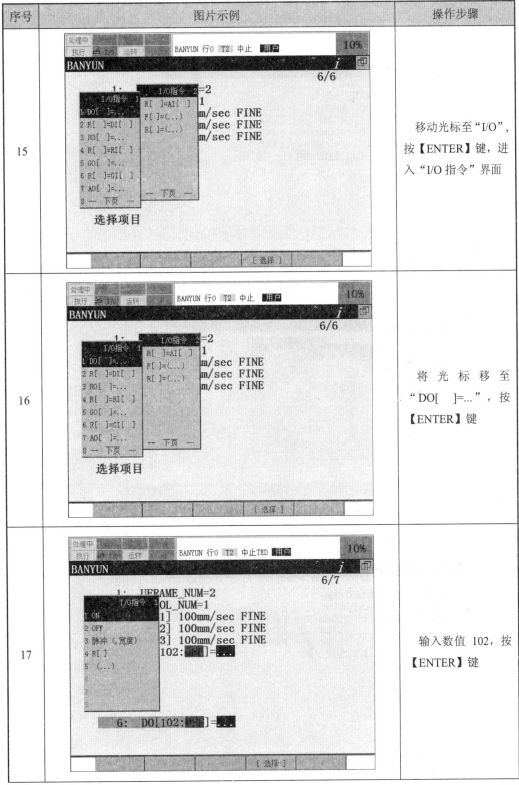	移动光标至"I/O"，按【ENTER】键，进入"I/O 指令"界面
16		将光标移至"DO[ ]=..."，按【ENTER】键
17		输入数值 102，按【ENTER】键

续表 9.9

序号	图片示例	操作步骤
18	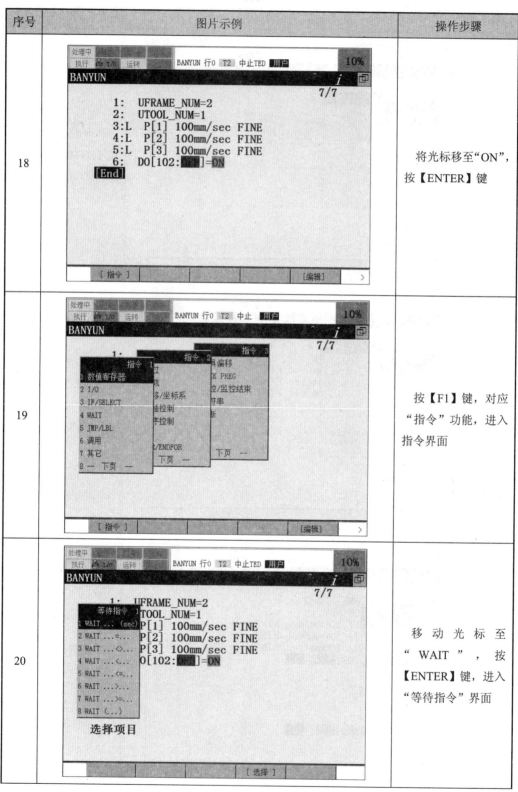 BANYUN 行0 T2 中止TED 用户　10% BANYUN　i 7/7 1: UFRAME_NUM=2 2: UTOOL_NUM=1 3:L P[1] 100mm/sec FINE 4:L P[2] 100mm/sec FINE 5:L P[3] 100mm/sec FINE 6: DO[102:ON]=ON [End] [指令]　[编辑]　>	将光标移至"ON"，按【ENTER】键
19	BANYUN 行0 T2 中止 用户　10% BANYUN　i 7/7 指令 1 指令 2 指令 3 1: 数值寄存器 具偏移 2 I/O 载 CK PREG 3 IF/SELECT 多/坐标系 控/监控结束 4 WAIT 轴控制 存串 5 JMP/LBL 序控制 断 6 调用 R/ENDFOR 7 其它 下页 8 — 下页 — 下页 —	按【F1】键，对应"指令"功能，进入指令界面
20	BANYUN 行0 T2 中止TED 用户　10% BANYUN　i 7/7 1: UFRAME_NUM=2 等待指令 TOOL_NUM=1 1 WAIT ... (sec) P[1] 100mm/sec FINE 2 WAIT ...=... P[2] 100mm/sec FINE 3 WAIT ...<>... P[3] 100mm/sec FINE 4 WAIT ...<... O[102:ON]=ON 5 WAIT ...<=... 6 WAIT ...>... 7 WAIT ...>=... 8 WAIT (...) 选择项目 [选择]	移动光标至"WAIT"，按【ENTER】键，进入"等待指令"界面

续表 9.9

序号	图片示例	操作步骤
21	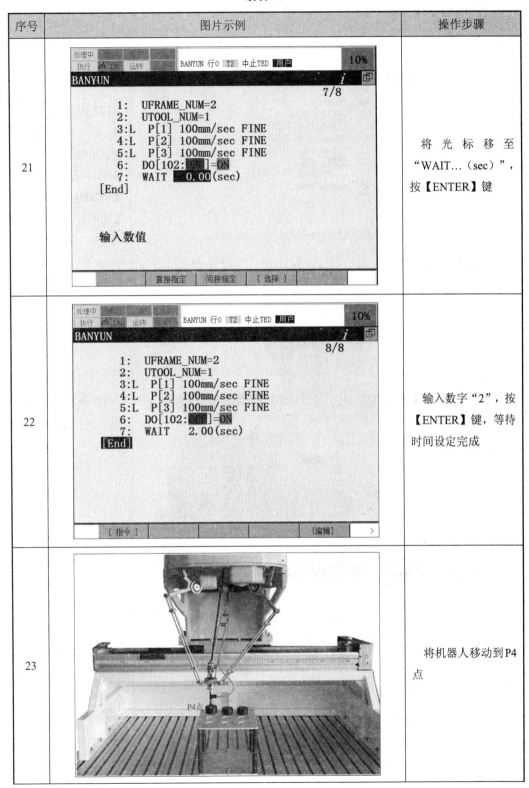	将光标移至"WAIT…（sec）"，按【ENTER】键
22		输入数字"2"，按【ENTER】键，等待时间设定完成
23		将机器人移动到P4点

续表 9.9

序号	图片示例	操作步骤
24	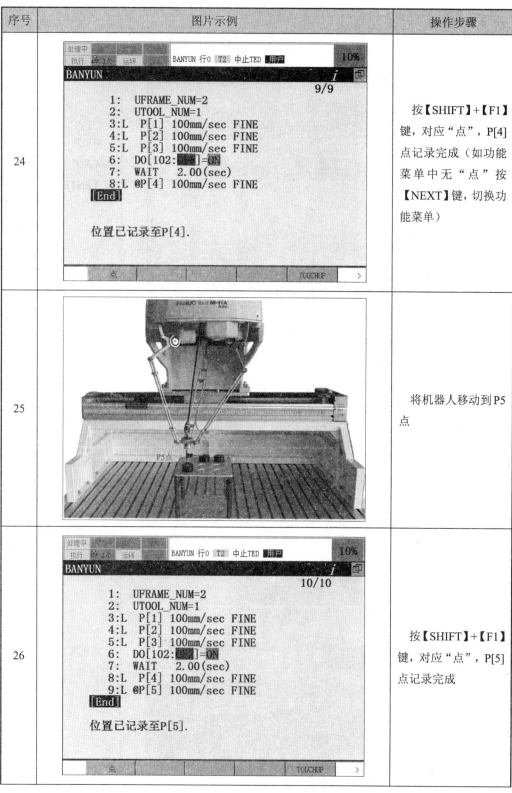处理中 执行 I/O 运转　BANYUN 行0 T2 中止TED 用户　10% BANYUN　　　　　　　　　　　　　i 9/9 1:　UFRAME_NUM=2 2:　UTOOL_NUM=1 3:L　P[1] 100mm/sec FINE 4:L　P[2] 100mm/sec FINE 5:L　P[3] 100mm/sec FINE 6:　DO[102:　]=ON 7:　WAIT　2.00(sec) 8:L　@P[4] 100mm/sec FINE [End] 位置已记录至P[4]. 点　　　　　　　　　　TOUCHUP　>	按【SHIFT】+【F1】键，对应"点"，P[4]点记录完成（如功能菜单中无"点"按【NEXT】键，切换功能菜单）
25		将机器人移动到P5点
26	处理中 执行 I/O 运转　BANYUN 行0 T2 中止TED 用户　10% BANYUN　　　　　　　　　　　　　i 10/10 1:　UFRAME_NUM=2 2:　UTOOL_NUM=1 3:L　P[1] 100mm/sec FINE 4:L　P[2] 100mm/sec FINE 5:L　P[3] 100mm/sec FINE 6:　DO[102:　]=ON 7:　WAIT　2.00(sec) 8:L　P[4] 100mm/sec FINE 9:L　@P[5] 100mm/sec FINE [End] 位置已记录至P[5]. 点　　　　　　　　　　TOUCHUP　>	按【SHIFT】+【F1】键，对应"点"，P[5]点记录完成

续表 9.9

序号	图片示例	操作步骤
27	处理中　　　BANYUN 行0　T2　中止TED 用户　10% 执行　I/O　运转 **BANYUN**　　　　　　　　　　　*i* 　　　　　　　　　　　　　　12/12 　　2:　UTOOL_NUM=1 　　3:L　P[1]　100mm/sec FINE 　　4:L　P[2]　100mm/sec FINE 　　5:L　P[3]　100mm/sec FINE 　　6:　DO[102:]=ON 　　7:　WAIT　2.00(sec) 　　8:L　P[4]　100mm/sec FINE 　　9:L　@P[5]　100mm/sec FINE 　10:　DO[102:]=OFF 　11:　WAIT　2.00(sec) 　[End] 　　[指令]　　　　　　　　　[编辑]　　>	添加如图所示的机器人输出指令和等待时间指令（上述步骤为示教点的步骤）
28	1：UFRAME_NUM=2 2：UTOOL_NUM=1 3：L P[1] 100mm/sec FINE 4：L P[2] 100mm/sec FINE 5：L P[3] 100mm/sec FINE 6：DO[102：OFF]=ON 7：WAIT　2.00（sec） 8：L P[2] 100mm/sec FINE 9：L P[4] 100mm/sec FINE 10：L P[5] 100mm/sec FINE 11：DO[102：OFF]=OFF 12：WAIT　2.00（sec） 13：L P[4] 100mm/sec FINE 14：L P[1] 100mm/sec FINE [End]	添加 3 条运动指令（第 8、13、14 条指令），实现搬运实例的完整过程

 思考题

1. FANUC 机器人由哪几部分组成？

2. FANUC 机器人的工具坐标系设置方法有哪几种？

3. FANUC 机器人如何添加等待指令？

4. FANUC 机器人如何添加输入输出指令？

5. FANUC 机器人如何记录目标点位置数据？

第10章
ABB 并联机器人应用

由于 ABB IRB 360 机器人具有操作速度快、有效载荷大、占地面积小、节拍时间短、运动性能佳等特点，因此本章以 IRB 360 机器人为例进行相关介绍和应用分析。

10.1 机器人简介

ABB DELTA 并联机器人由 3 部分组成：操作机、控制器和示教器，如图 10.1 所示。

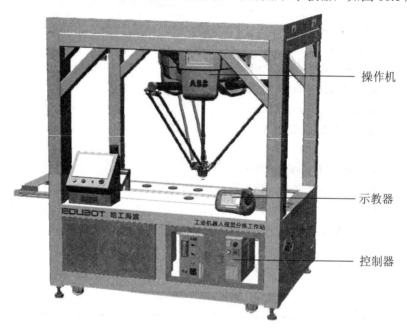

图 10.1 DELTA 并联机器人实训站结构图

10.1.1 操作机

操作机又称机器人本体，是工业机器人的机械主体，是用来完成规定任务的执行机构。ABB IRB 360 系列有多款机型，控制轴数有 3 轴和 4 轴。而 IRB 360-8/1130 机器人是一款 4 轴机器人，其本体相应机构名称如图 10.2 所示。

※ 操作机

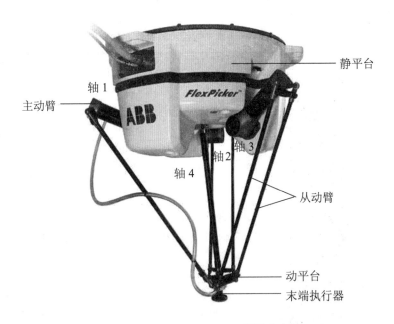

图 10.2　ABB IRB 360-8/1130 机器人本体

IRB 360-8/1130 机器人的动作范围如图 10.2 所示。在安装外围设备时，应尽量避免干涉机器人主体部分和动作范围。

10.1.2　控制器

ABB IRB 360-8/1130 机器人一般采用 IRC5 紧凑型控制器，其先进的动态建模技术以 QuickMove 和 TrueMove 运动控制为核心，赋予机器人较好的运动控制性能与路径精度，支持 RobotStudio 离线编程以及可在线监测状态的远程服务。

❋ 控制器

IRC5 紧凑型控制器的操作面板由**按钮面板**、**电缆接口面板**和**电源接口面板**三部分组成，如图 10.3 所示。

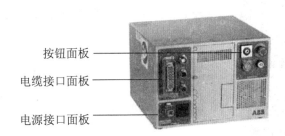

图 10.3　IRC5 紧凑型控制器

面板各部分介绍见表 10.1。

表 10.1　IRC5 紧凑型控制器操作面板简介

面板	图片	说明
按钮面板		**模式选择旋钮**：用于切换机器人工作模式
		急停按钮：在任何工作模式下，按下急停按钮，机器人立即停止，无法运动
		上电/复位按钮：发生故障时，使用该按钮对控制器内部状态进行复位，在自动模式下，按下该按钮，机器人电机上电，按键灯常亮
		制动闸按钮：机器人制动闸释放单元。通电状态下，按下该按钮，可用手旋转机器人任何一个轴运动
电缆接口面板		**XS4**：示教器电缆接口，连接机器人示教器
		XS41：外部轴电缆接口，连接外部轴电缆信号时使用
		XS2：编码器电缆接口，连接外部编码器接口
		XS1：电机动力电缆接口，连接机器人驱动器接口
电源接口面板		**XP0**：电源电缆接口，用于给控制器供电
		电源开关：控制器电源开关。ON：开；OFF：关

10.1.3　示教器

1. 简介

IRB 360-8/1130 机器人的示教器（FlexPendant）是一种
手持式操作员装置，由硬件和软件组成，其本身就是一套完

※　示教器

整的计算机。它是机器人的人机交互接口，用于执行与操作机器人有关的任务，如运行程
序、手动操作机器人、修改机器人程序等，也可用于备份与恢复、配置机器人、查看机器
人系统信息等。FlexPendant 可在恶劣的工业环境下持续运作，其触摸屏易于清洁，且防水、
防油、防溅锡。示教器规格见表 10.2。

表 10.2　示教器规格

屏幕尺寸	6.5 英寸彩色触摸屏
屏幕分辨率	640×480
质量	1.0 kg
按钮	12 个
语言种类	20 种
操作杆	支持（3-way jogging）
USB 内存支持	支持
紧急停止按钮	支持
是否配备触摸笔	是
支持左手与右手使用	支持

2. 外形结构

示教器的外形结构如图 10.4 所示，各按键功能如图 10.5 所示。

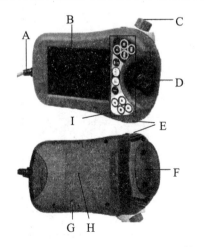

各部分名称如下：

A：电缆线连接器

B：触摸屏

C：紧急停止按钮

D：操纵杆

E：USB 接口

F：使能按钮

G：触摸笔

H：重置按钮

I：按键区

图 10.4　示教器外形结构

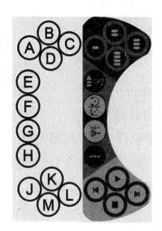

按键区各按键功能如下：

A～D：自定义按键

E：选择机械单元

F、G：选择操纵模式

H：切换增量

J：步退执行程序

K：执行程序

L：步进执行程序

M：停止执行程序

图 10.5　示教器各按键功能

3. 正确的手持姿势

操作机器人之前必须学会正确持拿示教器，如图 10.6 所示，左手穿过固定带，将示教器放置在左手小臂上，然后用右手进行屏幕和按钮的操作。

图 10.6　示教器正确的手持姿势

4. 开机完成界面

系统开机完成后进入图 10.7 所示界面。

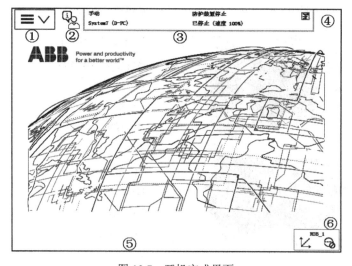

图 10.7　开机完成界面

开机界面说明如下：

➤ **主菜单**：显示机器人各个功能主菜单界面。

➤ **操作员窗口**：机器人与操作员交互界面，显示当前状态信息。

➤ **状态栏**：显示机器人当前状态，如工作模式、电机状态、报警信息等。

➤ **关闭按钮**：关闭当前窗口按钮。

➤ **任务栏**：当前界面打开的任务列表，最多支持打开 6 个界面。

➤ **快速设置菜单**：快速设置机器人功能界面，如速度、运行模式、增量等。

5. 主菜单界面

示教器主菜单界面如图 10.8 所示。

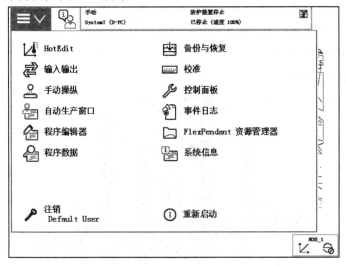

图 10.8　主菜单界面

➤ **HotEdit**：用于对编写的程序中点做一定补偿。

➤ **输入输出**：用于查看并操作 I/O 信号。

➤ **手动操纵**：查看并配置手动操作属性。

➤ **自动生产窗口**：机器人自动运行时显示程序画面。

➤ **程序编辑器**：对机器人进行编程和调试。

➤ **程序数据**：查看机器人并配置变量数据。

➤ **备份与恢复**：对系统数据进行备份和恢复。

➤ **校准**：用于对机器人机械零点进行校准。

➤ **控制面板**：对机器人系统参数进行配置。

➤ **事件日志**：查看系统所有事件。

➤ **FlexPendant 资源管理器**：对系统资源、备份文件等进行管理。

➤ **系统信息**：用于查看系统控制器属性以及硬件和软件等信息。

> **注销**：退出当前用户权限。
> **重新启动**：重新启动机器人系统。

10.2　实训环境

为了提高生产效率，降低购买与实施机器人解决方案的总成本，ABB 开发了一款适用于机器人寿命周期各个阶段的软件产品——RobotStudio，它是一款 ABB 机器人仿真软件。

※　实训环境

RobotStudio 可在实际构建机器人系统之前，先进行系统设计和试运行。还可以利用该软件确认机器人是否能到达所有编程位置，并计算解决方案的工作周期。

本章基于 RobotStudio 软件，采用 IRB 360‐8/1130 机器人搭建实训装置，如图 10.9 所示，用以学习 ABB DELTA 并联机器人的编程操作与应用。

图 10.9　DELTA 并联机器人实训站

10.3　编程及操作

10.3.1　手动操作

手动操纵机器人时，ABB 机器人有 3 种运动方式可供选择，分别为单轴运动、线性运动和重定位运动。

（1）**单轴运动**　即机器人在关节坐标系下的运动，用于控制机器人各轴单独运动，方便调整机器人的位姿。

※　手动操作

（2）**线性运动**　用于控制机器人在选择的坐标系空间中进行直线运动，便于调整机器人的位置。

（3）**重定位运动**　即选定的机器人工具中心点（TCP）绕着对应工具坐标系进行旋转运动。在运动时机器人 TCP 位置保持不变，姿态发生变化，因此用于对机器人姿态的调整。

1. 单轴运动

手动操作单轴运动的方法如下。

步骤 1：将控制器上"模式选择"旋钮切换至"手动模式"，如图 10.10 所示。在状态栏中，确认机器人的状态已切换至"手动"。

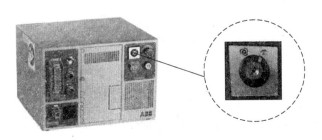

图 10.10　模式选择

步骤 2：在示教器主菜单中选择【手动操纵】，如图 10.11 所示。

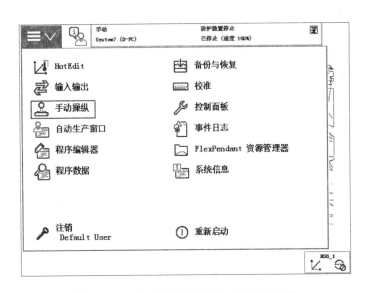

图 10.11　在主菜单界面中选择【手动操纵】

步骤 3：单击【动作模式】，如图 10.12 所示。

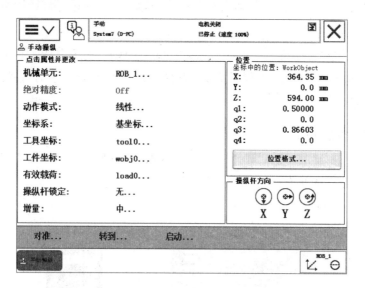

图 10.12　手动操纵界面

步骤 4：单击【轴 1-3】→【确定】，如图 10.13 所示。

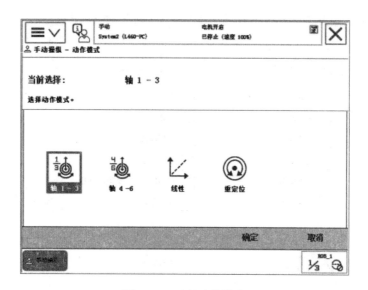

图 10.13　选择动作模式

另外：选择【轴 4-6】可以操作轴 4。

步骤 5：半按住示教器的使能按钮不放，如图 10.14 示，进入"电机开启"状态。

步骤 6：在状态栏中，确认"电机开启"状态，如图 10.15 所示。

图 10.14 半按住使能按钮

图 10.15 确认电机开启

其中，操纵杆方向指示栏中显示"轴 1-3"的操作方向，箭头代表轴运动的正方向。

步骤 7：分别按照指示栏中所指示的操纵杆方向移动操纵杆，机器人各轴将会沿着对应方向运动。

注意：操纵杆的操作幅度是与机器人的运动速度相关的。**操作幅度小，则机器人的运动速度慢；操作幅度大，则机器人的运动速度快。**

2. 线性运动

ABB 机器人在线性运动模式下可以参考的坐标系有大地坐标系、基坐标系、工具坐标系和工件坐标系 4 种，用户可根据需要选择任意一个坐标系进行线性运动。

线性运动的具体操作步骤除第 4 步外，其余步骤与单轴运动相同。基本操作步骤如下。

步骤 1：将控制器上"模式选择"旋钮切换至"手动模式"。在状态栏中，确认机器人的状态已切换至"手动"。

步骤 2：在示教器主菜单中选择【手动操纵】。

步骤 3：单击【动作模式】。

步骤 4：单击【线性】→【确定】，如图 10.16 所示。

步骤 5：半按住示教器的使能按钮不放，进入"电机开启"状态。

步骤 6：在状态栏中，确认"电机开启"状态。

注意：操纵杆方向指示栏中显示"X，Y，Z"的操作杆方向，箭头代表正方向。

步骤 7：分别按照操纵杆方向指示栏中所指示的方向移动操纵杆，机器人将会沿着对应方向运动。

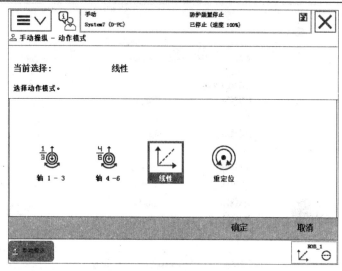

图 10.16　选择动作模式

3. 重定位运动

由于 DELTA 并联机器人结构的特殊性，无法实现其 X、Y 轴的重定位运动，只能实现 Z 轴的重定位运动。

重定位运动的具体操作步骤如下。

步骤 1：将控制器上"模式选择"旋钮切换至"手动模式"。在状态栏中，确认机器人的状态已切换至"手动"。

步骤 2：在示教器主菜单中选择【手动操纵】。

步骤 3：单击【动作模式】。

步骤 4：单击【重定位】→【确定】，如图 1.17 所示。

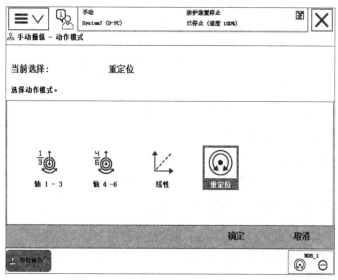

图 10.17　选择动作模式

步骤 5：在手动操纵界面，单击【坐标系】。

步骤 6：选择【工具】，单击【确定】，如图 10.18 所示。

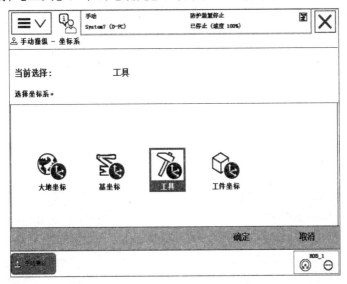

图 10.18　选择坐标系

步骤 7：在手动操纵界面，选择【工具坐标】。

步骤 8：选择需要的工具坐标系，如 "tool1"，点击【确定】，如图 10.19 所示。

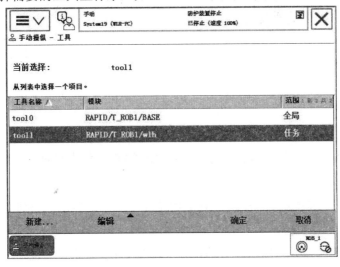

图 10.19　选择工具

步骤 9：半按住示教器的使能按钮不放，进入 "电机开启" 状态。

步骤 10：在状态栏中，确认 "电机开启" 状态。

注意：操纵杆方向指示栏中显示 "X，Y，Z" 的操作杆方向，箭头代表正方向。

步骤 11：按照操纵杆方向指示栏中所指示的 Z 轴方向移动操纵杆，机器人将会沿着 Z 轴方向运动。而 X、Y 轴方向运动无效。

10.3.2 坐标系建立

1. 工具坐标系建立

ABB 机器人在机械臂末端的连接法兰中心处有一个默认定义的工具坐标系，称为 tool0。当换装工具后，通常需要新建一个工具坐标系，即将 tool0 进行偏移。工具坐标系用于在调试机器人时，方便调试员调整机器人的位姿。

工具坐标系建立的目的就是将图 10.20（a）所示的默认工具坐标系更换为图 10.20（b）所示的自定义坐标系。

 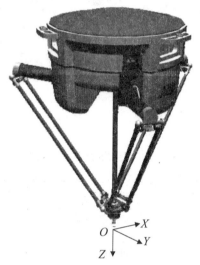

（a）默认工具坐标系　　　　　　（b）自定义坐标系

图 10.20　工具坐标系建立的目的

ABB 机器人工具坐标系常用定义方法有 3 种:【**TCP（默认方向）**】、【**TCP 和 Z**】、【**TCP 和 Z、X**】。

（1）**TCP（默认方向）**　只改变 TCP 的位置，不改变 TCP 的方向，适用于工具坐标系与 Tool0 方向一致的场合。

（2）**TCP 和 Z**　不仅改变 TCP 的位置，还改变工具的有效方向 Z，适用于工具坐标系 Z 轴方向与 tool0 的 Z 轴方向不一致的场合。

（3）**TCP 和 Z、X**　TCP 的位置、Z 轴和 X 轴的方向均发生变化，适用于需要更改工具坐标 Z 轴和 X 轴方向的场合。

由于 DELTA 并联机器人的特殊结构，使其无法像 6 轴机器人一样可以使用多种工具坐标系设置方法。ABB DELTA 并联机器人常用的工具坐标系设置方法是通过更改参数值直接定义。

2. 工件坐标建立

工件坐标系是定义在工件或工作台上的坐标系，用来确定工件相对于基坐标系或其他坐标系的位置，方便用户以工件平面为参考对机器人进行手动操作及调试。

ABB 机器人采用三点法来定义工件坐标系，这三点分别为 X 轴上的第一点 $X1$、X 轴上的第二点 $X2$ 和 Y 轴上的点 $Y1$，其原点为 $Y1$ 与 $X1$、$X2$ 所在直线的垂足，如图 10.21 所示。通常，使 $X1$ 点与原点重合进行示教。工件坐标系及建立后的效果图如图 10.21 所示。

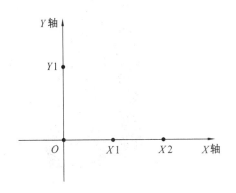
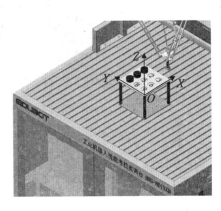

图 10.21   工件坐标定义及工件坐标系效果图

工件坐标系的定义需要在对应的工具坐标下进行，并且要对新建的坐标系进行验证，以保证其准确性。

10.3.3   I/O 通信

机器人输入输出是用于连接外部输入输出设备的接口，控制器可根据使用需求扩展各种输入输出单元。IRB 360-8/1130 机器人标配的 I/O 板为分布式 I/O 板 DSQC652，共有 16 路数字量输入和 16 路数字量输出，如图 10.22 所示。

※   I/O 通信

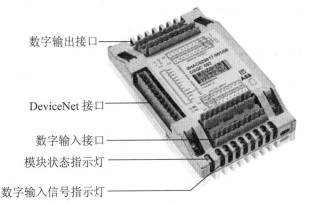

数字输出接口——

DeviceNet 接口——

数字输入接口——

模块状态指示灯——

数字输入信号指示灯——

图 10.22   DSQC652 标准 I/O 板

1. I/O 接口简介

IRB 360-8/1130 所采用的 IRC5 紧凑型控制器 I/O 接口和控制电源供电口，如图 10.23 所示。

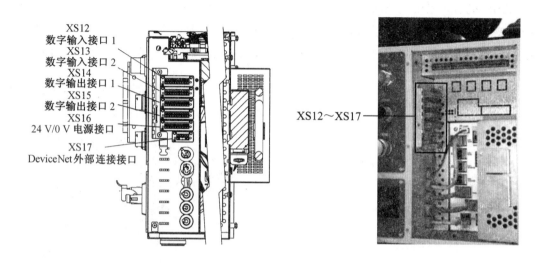

图 10.23　IRC5 紧凑型控制器 I/O 接口和电源接口

其中，XS12、XS13 为 8 位数字输入接口，XS14、XS15 为 8 位数字输出接口，XS16 为 24 V 电源接口，XS17 为 DeviceNet 外部连接接口。各接口 I/O 说明见表 10.3。

表 10.3　I/O 接口定义

端子＼引脚　　　序号	1	2	3	4	5	6	7	8	9	10
XS12	0	1	2	3	4	5	6	7	0 V	—
XS13	8	9	10	11	12	13	14	15	0 V	—
XS14	0	1	2	3	4	5	6	7	0 V	24 V
XS15	8	9	10	11	12	13	14	15	0 V	24 V
XS16	24 V	0 V	24 V	0 V	—

数字输入、输出接口均有 10 个引脚，包含 8 个通道，供电电压为 24 VDC，通过外接电源供电。对于数字 I/O 板卡，数字输入信号高电平有效，输出信号为高电平。

数字输入输出信号可分为通用 I/O 和系统 I/O。通用 I/O 是由用户自定义而使用的 I/O，用于连接外部输入输出设备。系统 I/O 是将数字输入输出信号与机器人系统控制信号关联起来，通过外部信号对系统进行控制。对于控制器 I/O 接口，其本身并无通用 I/O 和系统 I/O 之分，在使用时，需要用户结合具体项目及功能要求，在完成 I/O 信号接线后，通过示教器对 I/O 信号进行映射和配置。

2. I/O 配置

使用机器人 I/O 连接外部输入输出设备时，硬件连接完成后，还需在示教器上进行 I/O 数据变量与物理端口的映射。I/O 信号配置的具体步骤如下。

步骤 1：点击【主菜单】下【控制面板】，进入"控制面板"界面，如图 10.24 所示。

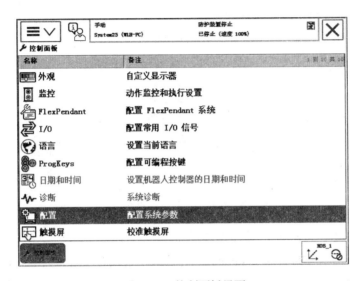

图 10.24　控制面板界面

步骤 2：点击【配置】，进入参数配置界面，如图 10.25 所示。

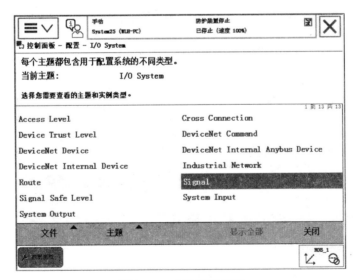

图 10.25　参数配置界面

步骤 3：点击【Signal】，进入信号选择界面，如图 10.26 所示。

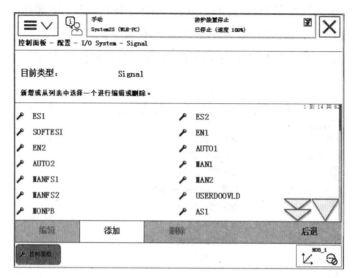

图 10.26　信号添加界面

步骤 4：点击【添加】，进入信号添加界面。

步骤 5：对新增信号的名称（Name）进行修改，选择对应信号类型（Type of Signal），在"Assigned to Device"中选择"d652"，在"Device Mapping"中更改引脚号，然后点击【确定】，如图 10.27 所示。

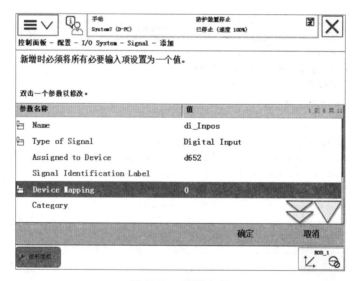

图 10.27　信号定义

步骤 6：在弹出的对话框中点击【是】，如图 10.28 所示，重新启动控制器。参数配置在控制器重启后才能生效。

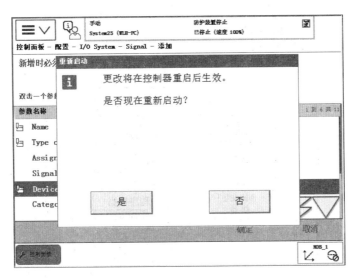

图 10.28　完成配置

信号配置完成之后，可以通过示教器在程序模块中直接添加 I/O 指令或者通过主菜单的【输入输出】选项，查看或者监控输入输出端口的状态。

10.3.4　基本指令

1. 数据类型

ABB 机器人的程序数据类型共有 103 个，分为 3 种存储类型：**常量 CONST、变量 VAR 和可变量 PRES**，见表 10.4。

※ 基本指令 1

表 10.4　数据存储类型

序号	存储类型	说明
1	CONST	常量：数据在定义时已赋予了数值，不能在程序中进行修改，除非手动修改
2	VAR	变量：数据在程序执行的过程中和停止时，会保持当前的值。但如果程序指针被移到主程序后，数据就会丢失
3	PERS	可变量：无论程序的指针如何，数据都会保持最后赋予的值。在机器人执行的 RAPID 程序中也可以对可变量存储类型数据进行赋值操作，在程序执行以后，赋值的结果会一直保持，直到对其进行重新赋值

2. 程序结构

ABB 机器人编程语言称为 RAPID 语言，采用分层编程方案，可为特定机器人系统安装新程序、数据对象和数据类型。程序包涵 3 个等级：任务、模块、例行程序，其结构如图 10.29 所示。

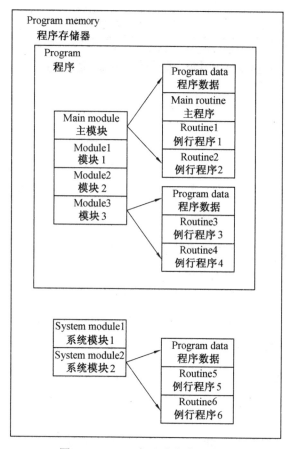

图 10.29　ABB 机器人程序组成图

　　一个任务中包含若干个系统模块和用户模块，一个模块中包含若干程序。其中系统模块预定了程序系统数据，定义常用的系统特定数据对象（工具、焊接数据、移动数据等）、接口（打印机、日志文件..）等。通常用户程序分布于不同的模块中，在不同的模块中编写对应的例行程序和中断程序。主程序（main）为程序执行的入口，有且仅有一个，通常通过执行 main 程序调用其他的子程序，实现机器人的相应功能。

　　ABB 机器人程序中所包含的模块有 BASE 模块、user 模块和 MainModule 模块。

　　（1）**BASE 模块。**

　　系统对工具（tool0）、工件（wobj0）以及负载（load0）进行初始定义。实际应用中工具坐标系、工件坐标系以及负载设定均来自系统初始化格式和数据。

　　（2）**user 模块。**

　　系统初始设置的默认变量值，如 num 变量值及时钟变量等。

　　（3）**MainModule 模块。**

　　主模块包括程序数据（Program data）、主程序（Main routine）以及 N 个例行程序（Routine）。

3. 程序指令

（1）动作指令　ABB 机器人常用的动作指令有：MoveJ、MoveL、MoveC 和 MoveAbsJ。

※ 基本指令 2

MoveJ：关节运动，机器人用最快捷的方式运动至目标点。此时机器人运动状态不完全可控，但运动路径保持唯一。关节运动常用于机器人在空间内大范围移动。

MoveL：线性运动，机器人以线性移动方式运动至目标点。当前点与目标点两点决定一条直线，机器人运动状态可控，且运动路径唯一，但可能出现奇点。常用于机器人在工作状态下移动。

MoveC：圆周运动，机器人通过中间点以圆弧移动方式运动至目标点。当前点、中间点与目标点三点决定一段圆弧，机器人运动状态可控，运动路径保持唯一。常用于机器人在工作状态下移动。

MoveAbsJ：绝对位置运动，机器人以单轴运行的方式运动至目标点。此运动方式绝对不存在奇点，且运动状态完全不可控。要避免在正常生产中使用此命令。指令中 TCP 与 Wobj 只与运动速度有关，与运动位置无关。常用于检查机器人零点位置。

机器人线性运动与关节运动的示意图如图 10.30 所示，圆弧运动示意图如图 10.31 所示。

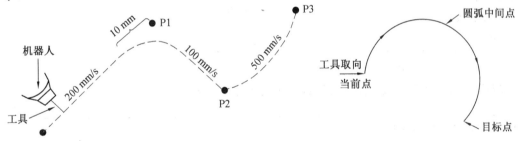

图 10.30　机器人线性运动与关节运动示意图　　　　图 10.31　圆周运动轨迹

指令格式及示例见表 10.5。

表 10.5　常见动作指令格式及示例

指令类型	指令格式	注释
直线运动	MoveL P1,v200,z10,tool1\wobj：=wobj0;	MoveL, MoveJ：运动指令
关节运动	MoveJ P3,v500,fine,tool1\wobj：=wobj0;	P1：目标位置
圆弧运动	MoveC P5,P6,v500,fine,tool1\wobj:=wobj0;	v200：规定在数据中的速度
绝对位置运动	MoveAbsJ P7,v100, fine,tool0\wobj:=wobj0;	z10：规定在转弯区的尺寸 tool1：指令运行所使用的工具坐标系 wobj0：指令运行所使用的工件坐标系

（2）**I/O 指令**　ABB 机器人常用的输入输出指令有：WaitDI、Set、Reset。

WaitDI：等待输入信号。

Set：将一个输出信号赋值为 1，即接通指定的输出电路。

Reset：将一个输出信号赋值为 0，即断开指定的输出电路。

指令格式及示例见表 10.6。

表 10.6　I/O 指令格式及示例

指令格式	说　　明
WaitDI　di1,1;	当输入信号 di1=1 时，机器人继续执行后面程序指令，否则一直等待
Set　do1;	将输出信号 do1 赋值为 1
Reset　do1;	将输出信号 do1 赋值为 0

（3）**流程指令**　ABB 机器人常用的流程控制指令有：条件指令 IF、循环指令 FOR、条件循环指令 WHILE、条件转移指令 TEST。

IF：条件指令。满足不同条件，执行对应程序。

IF reg> 5 THEN
　　Set do1；
Else
　　Reset do1；
ENDIF
	如果 reg > 5 条件满足，则执行 Set　Do1 指令，否则 Reset　do1

FOR：循环指令。根据指定的次数，重复执行对应的程序。

FOR i FROM 1 TO 10 DO
Routinel；
ENDFOR
	重复执行 10 次 Routinel 里的程序

WHILE：条件循环指令。如果条件满足，则重复执行对应程序。

WHILE Reg1 <reg2 Do
　　Reg1　：= Reg1+ 1；
ENDWHILE
	如果变量 Reg1< Reg2 条件成立，则一直重复执行，Reg1 加 1，直到条件不满足为止

TEST：条件转移指令。当前指令通过判断相应数据变量与其对应的值，控制需要执行的相应指令。

TEST count CASE 1: Reg1 ∶ = Reg1+ 1; CASE 2: Reg1 ∶ = Reg1+ 2; DEFAULT: Reg1 ∶ = Reg1+ 3; ENDTEST	根据 count 值执行相应 case，没有对应值则执行 default

（4）其他常用指令。

ABB 机器人其他常用指令包括：

Exit:	停止程序执行并禁止在运行处开始
WaitTime:	等待时间，单位为 s
WaitRob\InPos:	等待机器人执行到当前指令

10.3.5　程序编辑

1. 新建例行程序

步骤 1：单击主菜单中【程序编辑器】，进入程序编辑器界面，如图 10.32 所示。

※ 程序编辑

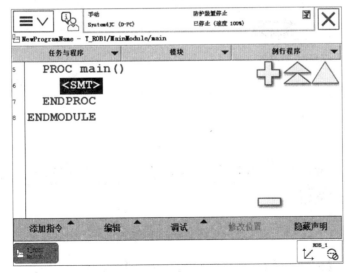

图 10.32　程序编辑器界面

步骤 2：单击【模块】，系统会显示自带 3 个模块：BASE 模块、user 模块和 MainModule 模块，如图 10.33 所示。

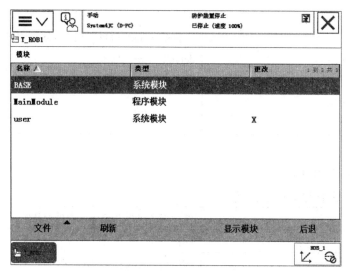

图 10.33　模块选择界面

步骤 3：选中"MainModule"程序模块，单击【显示模块】可以查看模块中的具体内容，如图 10.34 所示。

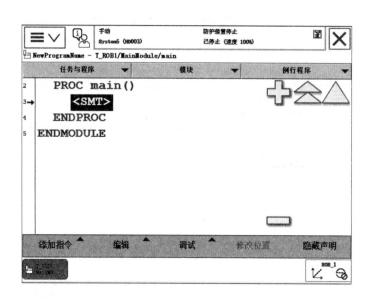

图 10.34　显示程序模块

步骤 4：单击【例行程序】，点击【文件】，选择【新建例行程序】，如图 10.35 所示。

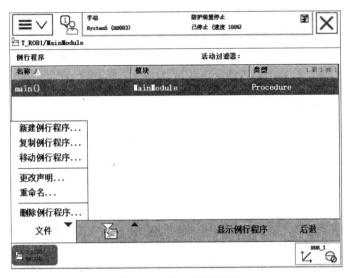

图 10.35　新建例行程序

步骤 5：在弹出的"例行程序声明"界面，生成名为"Routine1"的程序，单击【ABC...】可以给例行程序改名，单击【确定】，新的例行程序建立完成，如图 10.36 所示。

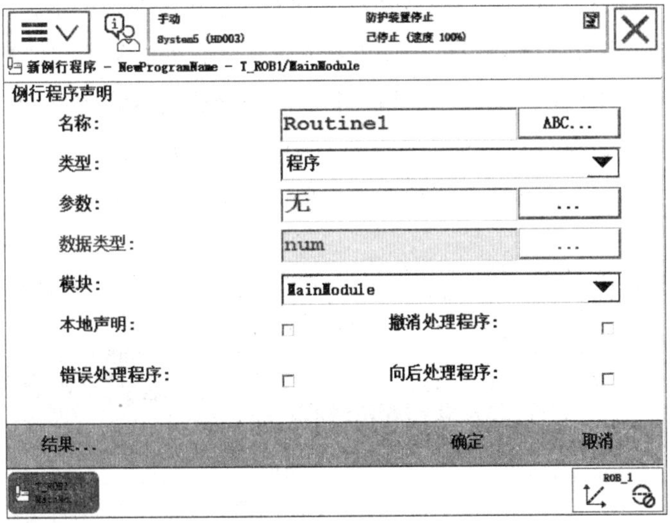

图 10.36　新建例行程序

步骤 6：选择新建的例行程序【Rotine1】，单击【显示例行程序】，进入程序编辑状态，如图 10.37 所示。

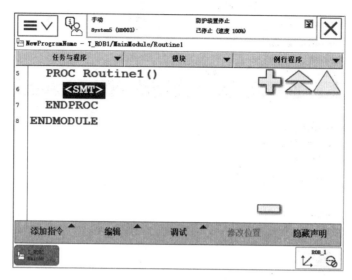

图 10.37　程序编辑界面

2. 在线示教

步骤 1：单击主菜单中的【手动操纵】，调用相应的工具坐标系和工件坐标系，返回例行程序。确保生成指令中将使用当前选择的工具坐标系和工件坐标系。

步骤 2：手动操作示教器操纵杆，使机器人运动到合理的位置并调整姿态，选择相应的程序位置，单击图 10.38 中的【添加指令】，添加合适的运动指令（如 MoveJ、MoveL 等），机器人将自动记录当前位置姿态的点，如图 10.39 所示。

注意：若添加的程序指令不在当前页面，单击【下一个→】可查看其余指令。

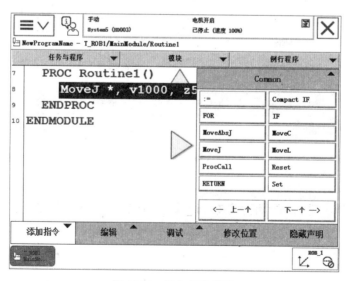

图 10.38　添加指令界面

步骤 3：更改机器人运动指令参数。双击【*】，可以重命名该目标点，如图 10.39 所示。

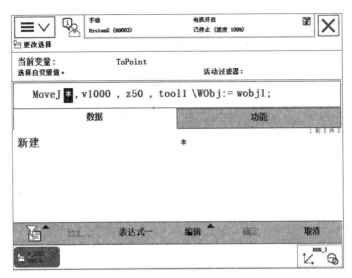

图 10.39   目标点取名界面

步骤 4：单击【新建】，进入"新数据声明"界面，如图 10.40 所示。点击【…】，重命名特征点，点击【确定】。

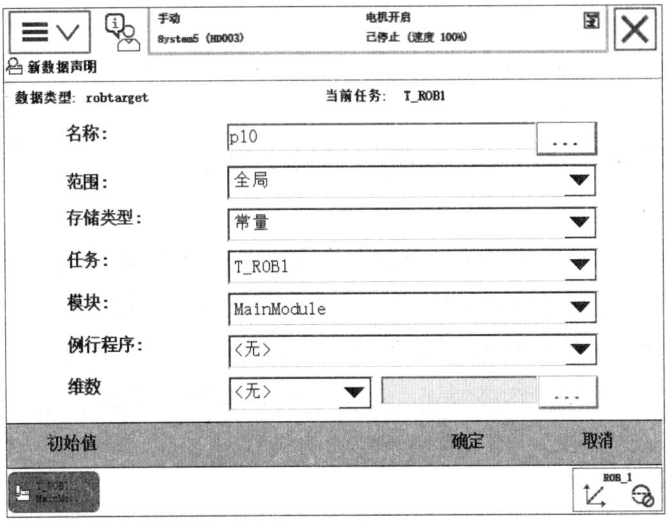

图 10.40   新数据声明界面

同理，可对速度、转弯区域数据、工具等进行参数修改。

3. 程序再现

步骤 1：在程序编辑界面，单击【调试】，选择【PP 至例行程序…】，如图 10.41 所示。

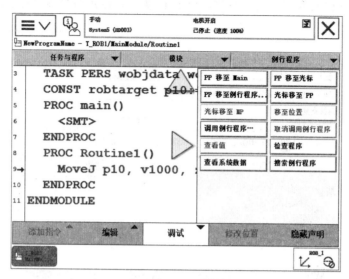

图 10.41　程序调试

步骤 2：选择自行添加的例行程序【Routine1】。

步骤 3：然后半按住使能按钮不放，按下执行程序键（见图 10.5 中的 K 键），机器人开始执行程序。

10.4　项目应用

并联机器人在物料高速搬运、分拣项目上运用广泛。输送带搬运应用涉及的知识技能较多，如视觉检测、位置跟踪等，本章以 IRB 360-8/1130 机器人为例，讲解如何编写输送带搬运应用中机器人程序。

※　项目应用

本实例利用机器人，将物料从一条输送带搬运到另一条输送线上，通过物料搬运操作来介绍机器人程序创建、目标点示教、I/O 模块信号输出等功能。

在硬件连接时，使用机器人通用数字输出信号 DO1，驱动电磁阀，产生气压通过真空发生器后，连接至吸盘。路径规划：初始点 P1→圆饼 1 抬起点 P2→圆饼拾取点 P3→圆饼抬起点 P2→圆饼抬起点 P4→圆饼拾取点 P5→圆饼抬起点 P4→初始点 P1，如图 10.42所示。

ABB IRB 360-8/1130 机器人物料搬运实例步骤见表 10.7。

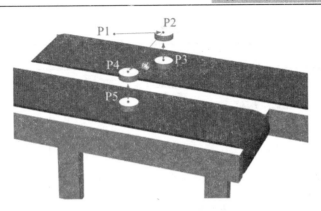

图 10.42 路径规划

表 10.7 物料搬运实例步骤

序号	图片示例	操作步骤
1	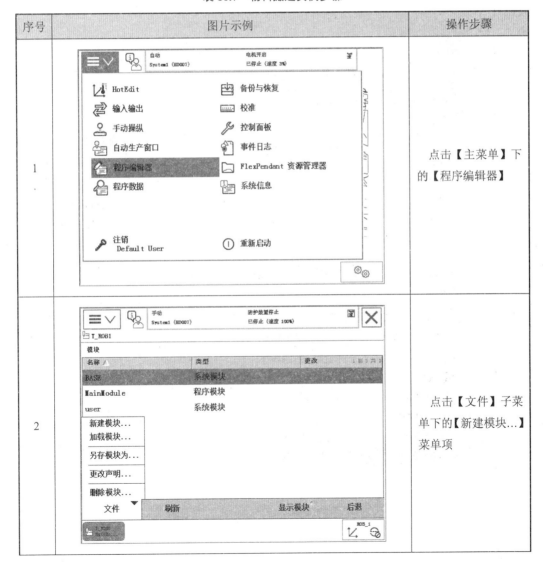	点击【主菜单】下的【程序编辑器】
2		点击【文件】子菜单下的【新建模块...】菜单项

续表 10.7

序号	图片示例	操作步骤
3	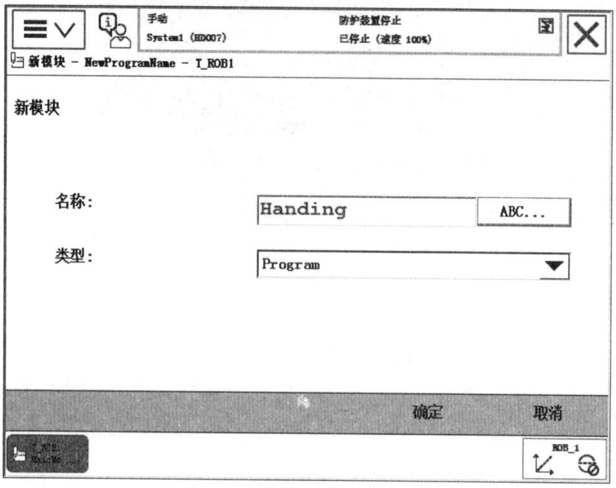 手动 System1 (HD007)　防护装置停止　已停止 (速度 100%) 新模块 – NewProgramName – T_ROB1 **新模块** 名称：　Handing　ABC... 类型：　Program ▼ 确定　取消	输入模块名称，点击【确定】，完成模块创建
4	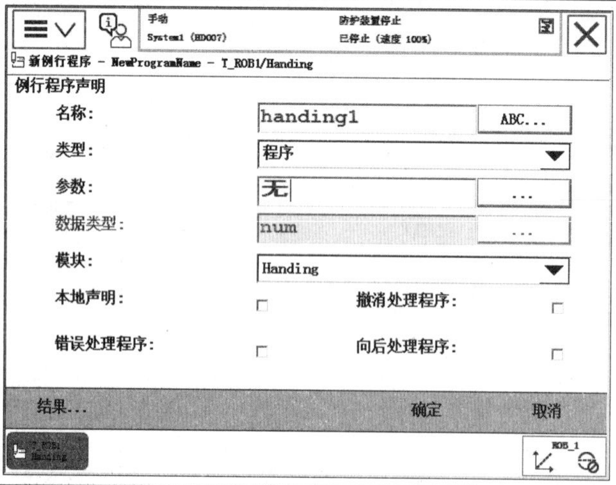 手动 System1 (HD007)　防护装置停止　已停止 (速度 100%) 新例行程序 – NewProgramName – T_ROB1/Handing **例行程序声明** 名称：　handing1　ABC... 类型：　程序 ▼ 参数：　无　... 数据类型：　num　... 模块：　Handing ▼ 本地声明：☐　撤消处理程序：☐ 错误处理程序：☐　向后处理程序：☐ 结果...　确定　取消	在程序编辑器的 Handing 模块中新建例行程序，名称修改为"Handing1"，点击【确定】，完成例行程序创建
5	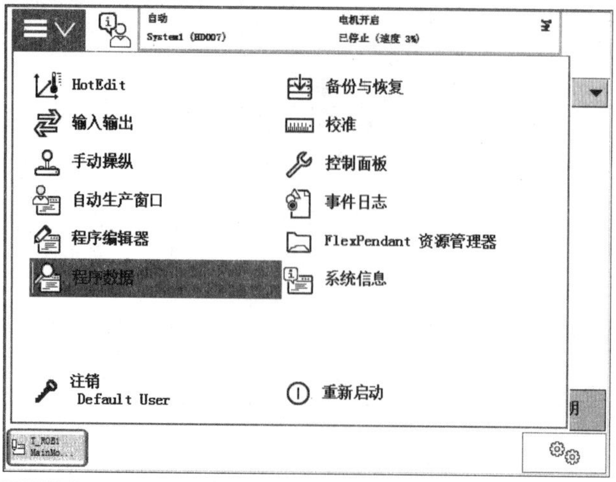 自动 System1 (HD007)　电机开启　已停止 (速度 3%) HotEdit　备份与恢复 输入输出　校准 手动操纵　控制面板 自动生产窗口　事件日志 程序编辑器　FlexPendant 资源管理器 程序数据　系统信息 注销 Default User　重新启动	点击【主菜单】下的【程序数据】

续表 10.7

序号	图片示例	操作步骤
6	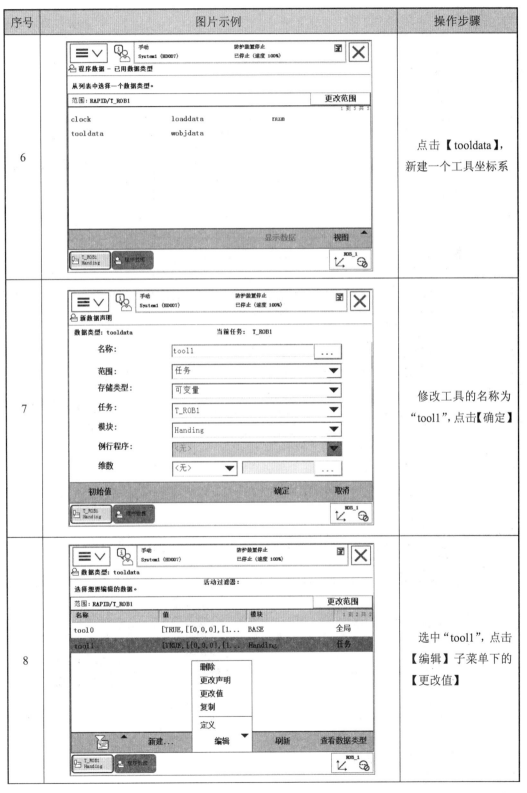	点击【tooldata】，新建一个工具坐标系
7		修改工具的名称为"tool1"，点击【确定】
8		选中"tool1"，点击【编辑】子菜单下的【更改值】

续表 10.7

序号	图片示例	操作步骤
9	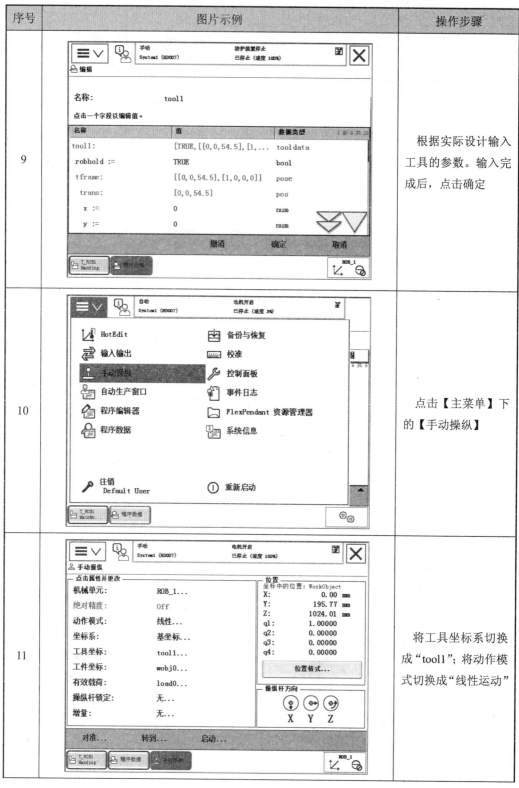	根据实际设计输入工具的参数。输入完成后，点击确定
10		点击【主菜单】下的【手动操纵】
11		将工具坐标系切换成"tool1"；将动作模式切换成"线性运动"

续表 10.7

序号	图片示例	操作步骤
12	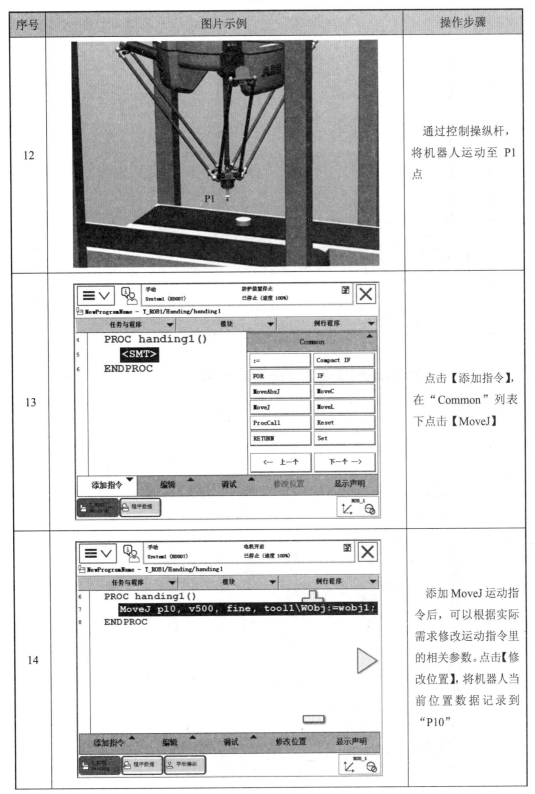	通过控制操纵杆，将机器人运动至 P1 点
13		点击【添加指令】，在"Common"列表下点击【MoveJ】
14		添加 MoveJ 运动指令后，可以根据实际需求修改运动指令里的相关参数。点击【修改位置】，将机器人当前位置数据记录到"P10"

续表 10.7

序号	图片示例	操作步骤
15	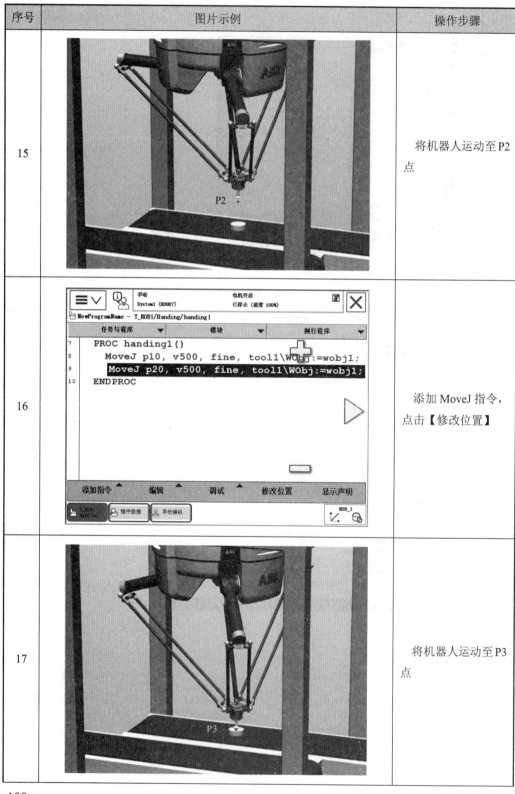	将机器人运动至P2点
16		添加 MoveJ 指令，点击【修改位置】
17		将机器人运动至P3点

续表 10.7

序号	图片示例	操作步骤
18	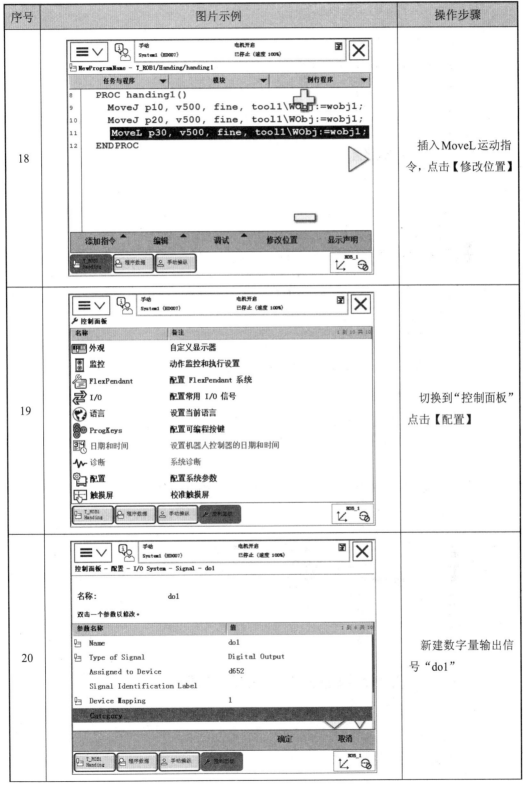	插入 MoveL 运动指令，点击【修改位置】
19		切换到"控制面板"点击【配置】
20		新建数字量输出信号"do1"

续表 10.7

序号	图片示例	操作步骤
21	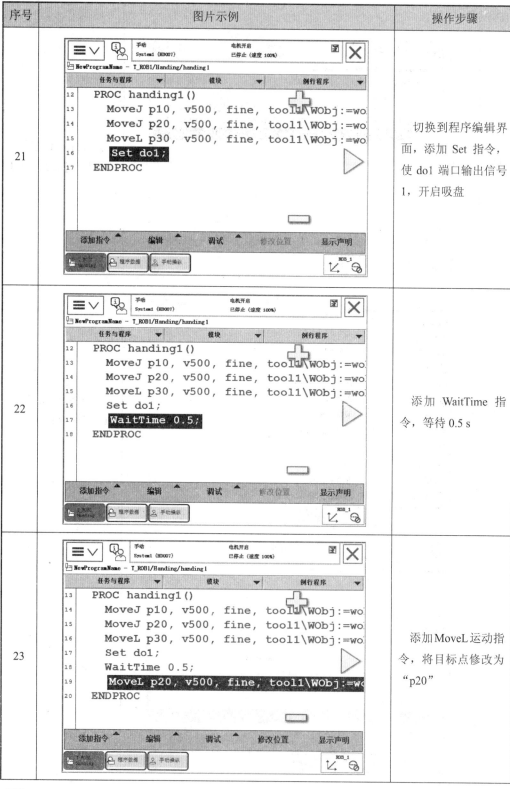	切换到程序编辑界面，添加 Set 指令，使 do1 端口输出信号 1，开启吸盘
22		添加 WaitTime 指令，等待 0.5 s
23		添加 MoveL 运动指令，将目标点修改为"p20"

续表 10.7

序号	图片示例	操作步骤
24	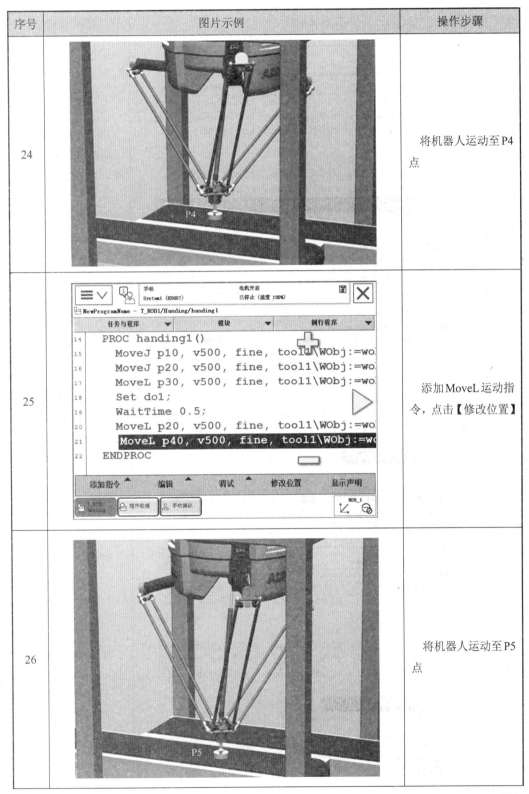	将机器人运动至 P4 点
25		添加 MoveL 运动指令，点击【修改位置】
26		将机器人运动至 P5 点

续表 10.7

序号	图片示例	操作步骤
27	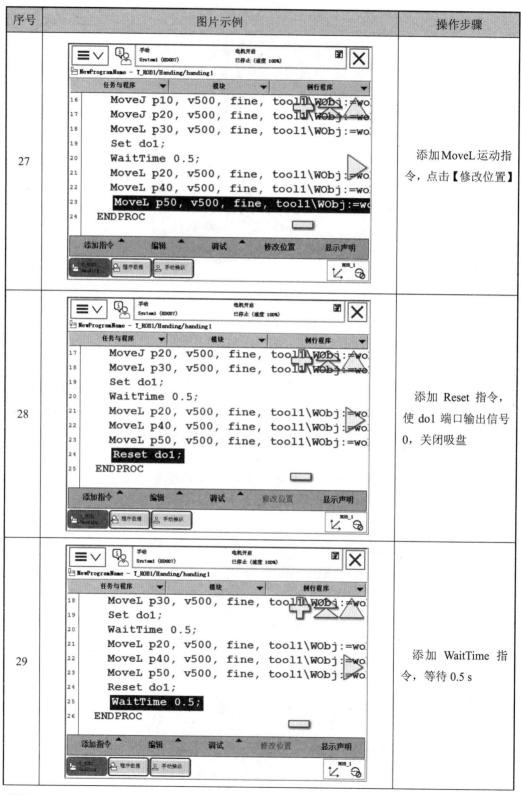	添加 MoveL 运动指令，点击【修改位置】
28		添加 Reset 指令，使 do1 端口输出信号 0，关闭吸盘
29		添加 WaitTime 指令，等待 0.5 s

续表 10.7

序号	图片示例	操作步骤
30	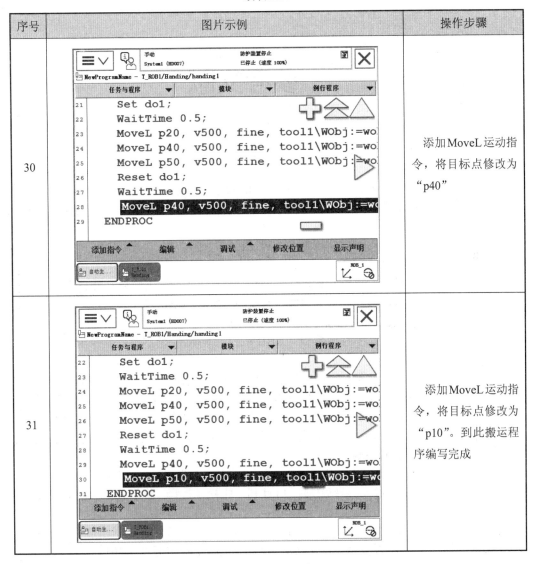	添加MoveL运动指令,将目标点修改为"p40"
31		添加MoveL运动指令,将目标点修改为"p10"。到此搬运程序编写完成

 思考题

1. IRB 360 机器人控制面板由哪 3 部分构成?

2. 如何正确手持 ABB 示教器?

3. 如何新建程序?

4. 简述工具坐标系的建立过程。

5. 如何添加运动指令?

6. 如何配置通用 I/O 信号?

参考文献

[1] 张明文. 工业机器人技术人才培养方案[M]. 哈尔滨：哈尔滨工业大学出版社，2017.

[2] 张明文. 工业机器人技术基础及应用[M]. 哈尔滨：哈尔滨工业大学出版社，2017.

[3] 张明文. 工业机器人入门实用教程（FANUC 机器人）[M]. 哈尔滨：哈尔滨工业大学出版社，2017.

[4] 张明文. 工业机器人入门实用教程（SCARA 机器人）[M]. 哈尔滨：哈尔滨工业大学出版社，2017.

[5] 张明文. 工业机器人离线编程[M]. 武汉：华中科技大学出版社，2018.

[6] 张明文. 工业机器人知识要点解析（ABB 机器人）[M]. 哈尔滨：哈尔滨工业大学出版社，2017.

[7] 张明文. 工业机器人编程及操作（ABB 机器人）[M]. 哈尔滨：哈尔滨工业大学出版社，2017.

[8] 张明文. ABB 六轴机器人入门实用教程[M]. 哈尔滨：哈尔滨工业大学出版社，2017.

[9] 李瑞峰. 工业机器人设计与应用[M]. 哈尔滨：哈尔滨工业大学出版社，2017.

[10] 董春利. 机器人应用技术[M]. 北京：机械工业出版社，2014.

[11] （美）Saeed B Niku 著. 机器人学导论[M]. 孙富春，朱纪洪，刘国栋，译. 北京：电子工业出版社，2004.

[12] 蔡自兴，谢斌. 机器人学[M]. 3 版. 北京：清华大学出版社，2015.

[13] SUBIR K S. 机器人学导论[M]. 付宜利，张松源，译. 哈尔滨：哈尔滨工业大学出版社，2017.

[14] 杨晓钧，李兵. 工业机器人技术[M]. 哈尔滨：哈尔滨工业大学出版社，2015.

[15] 兰虎. 工业机器人技术及应用[M]. 北京：机械工业出版社，2014.

[16] 乔新义，陈冬雪，张书健，等. 喷涂机器人及其在工业中的应用[J]. 现代涂装，2016,8:53-55.

[17] 谷宝峰. 机器人在打磨中的应用[J]. 机器人技术与应用，2008,3:27-29.

[18] 刘伟，周广涛，王玉松. 焊接机器人基本操作及应用[M]. 北京：电子工业出版社，2012.

[19] 康晓娟. Delta 并联机器人的发展及其在食品工业上的应用[J]. 食品与机械，2014,9:167-172.

[20] 田涛. 一种高速拾取并联机器人的设计与实现[D]. 大连：大连理工大学，2013.

[21] 黄真，孔令富，方跃法. 并联机器人机构学理论及控制[M]. 北京：机械工业出版社，1997.

[22] （法）MERLET J P. 并联机器人[M]. 2 版. 黄远灿，译. 北京：机械工业出版社，2014.

首款工业机器人垂直领域深度学习应用
——海渡学院APP

10+专业教材 20+金牌讲师
2000+配套视频

一键下载 收入口袋

源自哈尔滨工业大学 行业最专业知识结构模型

工业机器人应用人才培养
丛书书目

ISBN
978-7-5603-6654-8

ISBN
978-7-5603-6626-5

ISBN
978-7-5680-3262-9

ISBN
978-7-5603-6655-5

ISBN
978-7-5603-6832-0

ISBN
978-7-5603-6443-8

ISBN
978-7-5603-7023-1

ISBN
978-7-5680-3509-5

ISBN
978-7-5603-6967-9

ISBN
978-7-5680-3263-6

教学课件下载步骤

步骤一

登录"工业机器人教育网"

www.irobot-edu.com，菜单栏点击【学院】

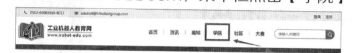

步骤二

点击菜单栏【在线学堂】下方找到你需要的课程

步骤三

课程内视频下方点击【课件下载】

咨询与反馈

尊敬的读者：

感谢您选用我们的教材！

本书配套有丰富的教学资源，凡使用本书作为教材的教师可咨询相关实训装备，在使用过程中，如有任何疑问或建议，可通过邮件（edubot_zhang@126.com）或扫描右侧二维码，在线提交咨询信息，反馈或索取数字资源。

培训咨询：+86-18755130658（郑老师）
校企合作：+86-15252521235（俞老师）

（教学资源索取单）